大数据处理技术

——R语言专利分析方法与应用

主　编◎屠　忻

副主编◎李立功　左良军　杨　爽　高慧霞　黄　煜　蒋　帆

图书在版编目（CIP）数据

大数据处理技术：R语言专利分析方法与应用/屠忻主编. —北京：知识产权出版社，2019.9（2020.11重印）

ISBN 978-7-5130-6434-7

Ⅰ.①大… Ⅱ.①屠… Ⅲ.①程序语言—应用—数据处理 Ⅳ.①TP274

中国版本图书馆CIP数据核字（2019）第189550号

内容提要

本书是一本关于大数据处理技术的教程，主要研究R语言在专利分析领域的应用方法，全书从四个方面展开：首先给出R语言快速入门需要掌握的基本知识；然后从专利分析数据处理角度出发，总结归纳用R语言处理专利数据的几种常用场景；接着结合专利分析中的数据可视化给出常用专利分析图表的R语言制图方法；最后结合数据挖掘算法介绍了利用R语言进行专利数据挖掘与建模的几种常见任务。

责任编辑：龚 卫 李 叶　　**责任印制**：刘译文

封面设计：张 冀

大数据处理技术

——R语言专利分析方法与应用

DASHUJU CHULI JISHU

——R YUYAN ZHUANLIFENXI FANGFA YU YINGYONG

屠 忻 主编

出版发行：	知识产权出版社有限责任公司	**网　　址**：	http://www.ipph.cn
电　　话：	010-82004826		http://www.laichushu.com
社　　址：	北京市海淀区气象路50号院	**邮　　编**：	100081
责编电话：	010-82000860转8745	**责编邮箱**：	laichushu@cnipr.com
发行电话：	010-82000860转8101	**发行传真**：	010-82000893
印　　刷：	北京九州迅驰传媒文化有限公司	**经　　销**：	各大网上书店、新华书店及相关专业书店
开　　本：	720mm×1000mm　1/16	**印　　张**：	13
版　　次：	2019年9月第1版	**印　　次**：	2020年11月第2次印刷
字　　数：	202千字	**定　　价**：	58.00元

ISBN 978-7-5130-6434-7

编委会

主　编　屠　忻

副主编　李立功　左良军　杨　爽

　　　　高慧霞　黄　煜　蒋　帆

前言

随着我国供给侧结构性改革地不断推进，具有制度供给和技术供给双重属性的知识产权，尤其是专利对供给侧结构性改革的支撑和保障作用不断增强，专利信息利用也越来越被社会各界所重视，专利在政府决策支撑、行业发展和企业创新等方面越来越发挥着重要作用。

专利分析作为专利信息挖掘的核心手段之一，是充分挖掘专利数据背后隐藏的高价值情报信息的重要支撑。专利分析涉及多个环节，包括数据处理、数据可视化、数据挖掘与建模等。虽然目前专利分析方法很多，但大多是针对不同环节采用不同的处理方式，仍然缺少能够实现多个环节有效衔接、统一处理的模式，这使专利分析的准确性和效率难以保障。

随着全球专利数量地不断提升，专利分析的难度大大增加，这在各个环节中均有所体现。其中，数据处理是专利分析的重中之重，是专利分析工作者获取规范化样本数据的主要途径，数据处理的质量是彰显专利分析成果准确性的核心指标之一。虽然专利格式统一、规范，但不同数据库对专利数据的收录范围、收录方式千差万别，这加大了各数据汇总后处理成规范化数据的难度，而且数据量的增加，也超出了常规数据处理方式的处理能力。因此，提升海量专利数据处理的质量和效率，是做好大数据时代下专利分析工作的重要基石，更是必然要求。

专利数据量的不断提升导致专利数据的可读性不断下降，海量混杂的专利数据信息交织在一起使数据更难于被理解，这不仅需要我们以更细化、更全面的形式来展示数据，还需要我们与数据进行更多的交互，以加强数据的理解，而传统的静态数据可视化形式显然不能满足目前的需求，开发针对海量专利数据的动态可视化方式是解决目前困境的必经之路。

同时，专利数据量地不断提升导致数据类型的不断扩展，数据量及类型的变化也对专利数据的挖掘和建模方式提出了更高的要求。针对特定的应用场景，建立合适的模型来挖掘海量专利数据背后隐藏的高价值信息，是传统的统计分析工具所不能胜任的。利用深度学习算法进行数据挖掘已经在多个领域展现了巨大的优势，而在专利分析领域尚属空白。因此，探索研究基于深度学习的人工智能专利数据挖掘和建模方法，以满足海量专利数据的要求，势在必行，时不我待。

本书主要从四个方面展开：一是给出R语言快速入门需要掌握的基本知识；二是从专利分析数据处理角度出发，总结归纳用R语言处理专利数据的几种常用场景；三是结合专利分析中的数据可视化给出常用专利分析图表的R语言制图方法；四是结合数据挖掘算法介绍利用R语言进行专利数据挖掘的几种常见任务。

本书由国家知识产权局专利局专利审查协作江苏中心光电技术发明审查部组织编写，具体撰写分工如下：

屠忻，参与撰写前言、第1章、第2章、第3章第3.1~3.2节；

李立功，参与撰写第3章第3.3~3.7节、第4章第4.1~4.3.1节；

高慧霞，参与撰写第4章第4.3.2节、第4章第4.4~4.5节；

杨爽，参与撰写第4章第4.3.3节、第4.6节；

蒋帆，参与撰写第4章第4.7节~4.8节、第5章第5.1~5.2节；

黄煜，参与撰写第5章第5.3~5.4节；

左良军，参与撰写第5章第5.5~5.6节、本书附录A~C、参考文献。

全书由李立功、左良军负责统稿、校对。

本书内容为编者在专利分析工作中的经验总结，希望能为提升从业者的专利数据处理、数据可视化及信息挖掘的能力起到一定的积极作用。由于时间仓促，加之编者水平所限，部分成果还需要在实际应用中不断丰富和完善，应用效果也需要经过实践的进一步检验。本书中的观点和内容如若存在偏差和不足之处，敬请广大读者批评指正。

屠忻

2019年6月10日

目 录

第1章　简　介

本书是一本关于计算机编程语言在专利分析领域应用方法的教材，主要介绍利用大数据处理技术——R语言来实现专利分析的方法。在正式开始阅读本书之前，我们有必要对本书涉及的有关专利分析以及数据科学理论做一些基础性、概括性的介绍，以使读者更好地理解并掌握本书知识。

1.1　关于本书

1.1.1　为什么要撰写本书

在撰写本书之前，本书编者已经尝试并使用过多种专利分析的工具，例如，基于传统EXCEL软件进行专利数据处理和分析，并绘制相应的分析图表；或者采用Microsoft Office最新的商业智能软件，如Power BI等进行专利分析。前者在轻量级数据范围（小于5000条记录）内基本能满足常规专利分析需求，但是，一旦专利分析工作涉及的数据量级较大，EXCEL软件运行缓慢，很难高效地完成数据分析任务；而后者基于微软最新推出的商业智能平台，极大地拓展了专利分析人员的分析工具，客观上促进了专利分析工具的发展。

此外，本书编者还曾尝试过直接使用专利检索与分析软件进行专利分析工作，目前市面上被广泛认可的专利分析平台主要有北京索意互动有限公司推出的Patentics专利分析客户端、北京合享智慧科技有限公司推出的IncoPat分析平台、智慧芽公司推出的PatSnap等，它们在很大程度上实现了检索、分析一体化。但上述专利分析平台价格不菲，一般研究人员难以自由使用。此外，利用上述专利分析平台进行分析会受限于平台本身的功能，很难做到分析方案可定制化，这会影响专利分析人员的想象力和创造力，容易导致分析报告的模式化。值得赞扬的是，上述分析平台均提供了良好的数据导入、导出接口，分析人员可以利用较低的成本获得分析平台提供的检索数据，这就为我们利用其他分析技术实现高度定制化的自由分析提供了可能。

本书编者在充分调研上述分析工具优缺点的基础上，结合当前大数据技术现状，决定采用计算机编程语言改造传统专利分析工具，即选择一种高效率的数据处理编程语言来实现专利分析工作。一方面，利用程序代码的可移植性，可以极大地减少分析人员在专利分析工作中的低端重复性工作；另一方面，利用程序代码的高度自由性，可以实现专利分析方案的可定制化，充分发挥分析人员的想象力和创造力，助力分析人员实现从更深层次挖掘专利数据，进一步拓展专利分析的内涵和外延。

正是基于上述想法，本书编者决定将探索并研究的基于 R 语言的专利分析方法的有关成果整理并集结成书，帮助专利分析工作者进一步拓宽专利分析工具，提高专利分析技能。

1.1.2 本书的撰写原则

事实上，本书属于一本计算机程序设计类教材，更严格的说是一本大数据编程技术教材。编者结合自己的工作内容，将大数据编程技术应用到专利分析领域中，进一步拓宽专利分析人员的分析工具。我们并不苛求每一位专利分析工作者都需要掌握大数据编程技术，但是，希望专利分析从业者，可以用更低的学习成本提升自己的日常工作技能，从而进一步提高工作效率。正是基于上述思路，我们在编写本书时遵循如下两个原则。

1. 实用性

编写本书的首要原则是实用性。读者在看完本书以后，可以很快将本书中的代码应用到实际的专利分析工作中，从而快速地掌握基于 R 语言的专利分析方法。因此，本书编者在专利分析工作经验基础上，总结提炼出一些常规的专利分析应用场景，如关于申请人的统计、技术主题统计、同族数据处理等。在数据可视化章节中，同样是对常见的专利分析图表进行归纳整理，并选择具有代表性和实用性的图表进行 R 代码的设计。本书后面章节中给出的有关程序设计代码，均可以直接移植并运行在 R 语言编程环境中，读者仅需根据本书说明，安装好 R 语言运行环境，修改个人计算机中的数据文件路径即可实现相应的数据处理或可视化效果。

2. 易读性

考虑到一般专利分析人员并不具备相应的数据编程技能，因此，本书并不过多介绍计算机专业知识，也并不涉及数据编程算法等较为艰深的理论，读者并不需要花费大量时间去学习有关计算机专业知识。本书仅介绍和数据处理相关的必备知识，如 R 语言中的数据结构，常用数据处理包和函数等数据编程基础知识，读者可以零基础学习上述相关知识。在具体代码设计阶段，我们仅对代码的设计逻辑做简单说明，有的代码段给出了封装的函数，读者只需知晓代码中可修改的参数即可，无须过多纠结于代码的设计原理，从而提高本书的易读性。

1.1.3 本书的读者对象

正如上一节中提出的，本书是将大数据编程技术应用到专利分析领域中的教材，主要聚集如何利用 R 语言技术来解决专利分析的任务场景。因此，本书并不对专利分析的基本知识做过多介绍，也并不会对专利分析数据处理及可视化的应用背景做过多阐述，需要读者根据实际项目需求进行分析判断，应该对何种数据进行统计分析，应该采用何种分析图表进行信息展示。因此，我们建议阅读本书的读者应该对专利分析中的基本概念和分析内容熟练掌握，并具有一定的专利分析基本技能，至少应该具有利用 EXCEL 进行专利分析的基本经验。

此外，我们并不苛求专利分析人员具有编程基础，但是如果分析人员具有一定的计算机程序设计的通识知识将会有助于其更快、更好地理解并掌握本书的知识内容。如果你想要更进一步地提高专利分析效能，并且是一名对计算机编程技术感兴趣的专利分析工作者，那么，本书将会非常适合你！

1.1.4 本书的使用方法

本书是一本以数据编程技术为基础的教材，作为一本计算机编程技术类教材，读者在学习本书时要加强上机实践训练，在明确分析需求的基础上，读懂代码的功能，并立即动手实践，将代码亲自敲入编程环境，运行代码，观察结果，并根据实际分析需求修改代码中的可变参数，从而完成定制化的分析任务。结合编者的学习经验，在此给出如下推荐的学习路线图（见图 1-1）：

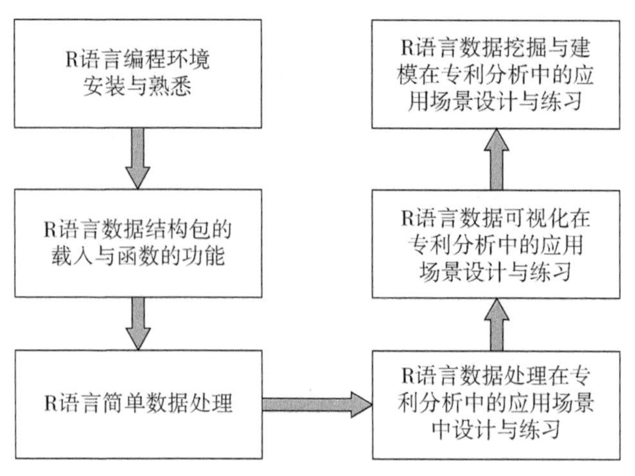

图 1-1 R 语言专利分析方法学习路径图

1.2 专利分析概论

1.2.1 专利分析基本流程

专利分析的基本流程包括前期准备、数据取样和预处理、数据可视化、数据挖掘与建模以及报告撰写五个阶段，每个阶段均包括细化的任务分工和各阶段的衔接。编者结合自身的专利分析工作经验，参考借鉴有关书籍的结论，大致总结归纳出如下专利分析的总体流程，如表 1-1。

表1-1 专利分析基本流程

专利分析阶段	主要工作
前期准备阶段	开展前期行业和技术调研，收集项目相关技术、经济、法律等信息资料，与技术主体沟通，确定技术分解表
数据取样和预处理阶段	选择检索策略和分析工具，获取项目分析数据所需的数据 对取样数据进行数据探索、清洗、合并、集成、规范处理 对预处理后的数据结果进行标引
数据可视化阶段	针对处理好的数据，结合项目需求，选择合适的可视化形式进行数据呈现，制作可视化图表
数据挖掘与建模阶段	根据项目任务，结合相应的数据挖掘算法，选择相应的挖掘工具开展数据挖掘与建模工作，利用处理好的数据进行信息挖掘
报告撰写阶段	整合数据处理、数据可视化、数据挖掘与建模阶段的成果，解读分析图表，对挖掘的信息进行分析，撰写相应的文字性报告

根据上述专利分析基本流程，我们可以绘制如下专利分析工作流程图，如图1-2所示。

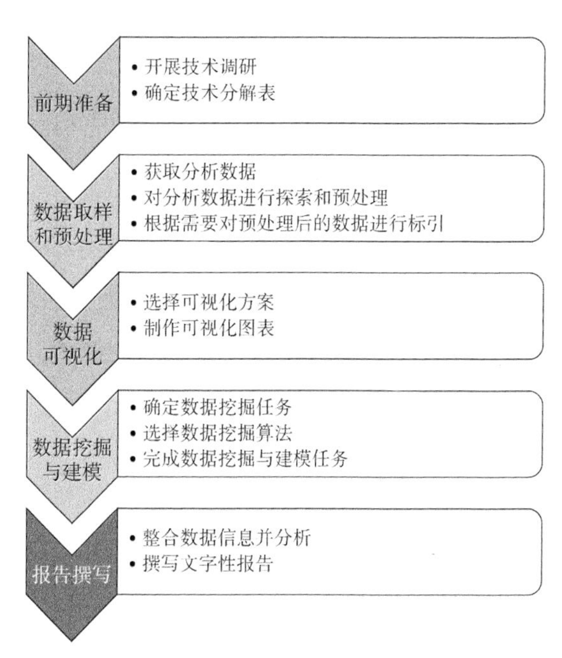

图1-2 专利分析基本流程图

1. 前期准备阶段

前期准备阶段的主要工作包括成立项目组，并根据项目需求开展行业和技术调研，收集与分析项目相关的技术、经济、法律等信息资料，通过与企业、行业技术专家等进行沟通，形成初步的技术分解表。

该阶段要尽量全面掌握反映行业需求的技术、经济、法律等各类信息，为后期正确解读专利图表和数据信息提供必要的背景信息，避免出现分析报告的结论与技术发展的实际情况脱节或背离的现象。

开展必要的行业和技术调研的另一重要目的在于获取准确、清晰的技术主题分解表。要认识到技术主题分解表在前期准备阶段未必能完全确定下来，需要分析人员在充分听取行业和技术专家意见的基础上，结合专利分析的特点，不断调整，制定出符合技术发展实际、技术边界清晰、满足专利检索和分析要求的技术主题分解表。

2. 数据取样和预处理阶段

该阶段是通过检索确定需要分析的样本数据，并利用数据处理的基本手段对采集的样本数据进行处理，包括数据探索、数据清洗、数据合并等数据操纵的基本手段。

由于采集的专利数据中含有很多不规范，数据缺失等情况，因此，只有通过数据预处理，将不规范的专利数据整理、清洗成格式规范、信息完整的数据，才可以供后续数据可视化和数据挖掘阶段使用。这一阶段是专利分析整个流程中最为重要和最为基础的阶段，也是占据整个专利分析流程时间比例最大的阶段，需要分析人员熟练掌握数据处理的基本技能，综合运用数据处理的各种技巧，高效、准确地完成数据预处理工作。

3. 数据可视化阶段

在数据可视化阶段，专利分析人员需要结合项目分析内容，选择恰当的可视化图表展示方案，将纷繁复杂的专利数据用清晰简洁、生动准确的图表反映出来。

从专利数据的属性角度来看，专利分析的内容可以分为如下几类：专利态势分析、专利技术分析、申请主体分析。基于编者的专利分析项目经验，我们对专利分析中所用到的数据可视化图表进行了简单归纳总结如下。

（1）专利态势分析

专利态势分析是指针对某一行业或技术领域进行总体专利状况的分析，从而快速了解整个产业、技术、地域的发展趋势。专利态势分析通常是对专利数量进行统计，诸如申请趋势分析、技术构成分析、地域申请量分析以及申请人排名分析，对应这些分析内容的主要图表有折线图、面积图、饼图、柱状图、矩形树图、地图等。示例如下：

图1-3为专利态势分析图示例，其中左图为采用矩形树图进行技术分支申请量展示，右图为采用折线图进行技术分支年份申请量趋势分析。

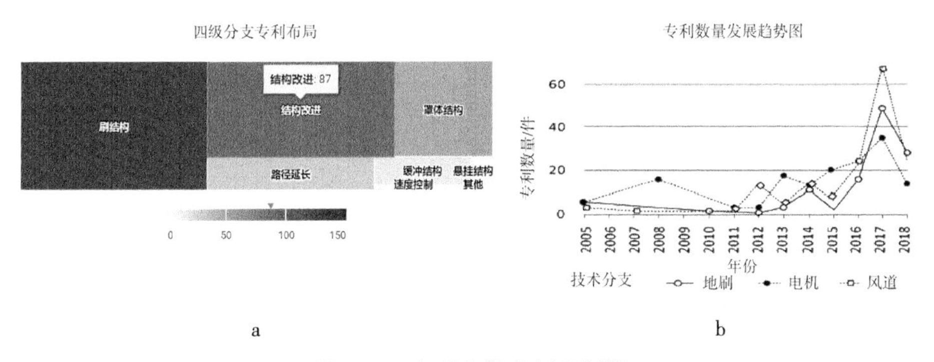

a　　　　　　　　　　b

图1-3 专利态势分析示例图

（2）专利技术分析

专利技术分析是以专利技术内容为分析对象，一般可以分为技术功效矩阵分析、技术路线分析、重点产品专利分析、重点技术引证分析。该分析内容常用的分析图表有气泡图、泳道图、实物分析图、引证网络图等。示例如下：

图1-4为专利技术分析示例图，左图是五局技术合作流向图，用于反映技术国别之间的技术流向；右图为技术分支跑道图，用于对比分析不同技术主题的占比。

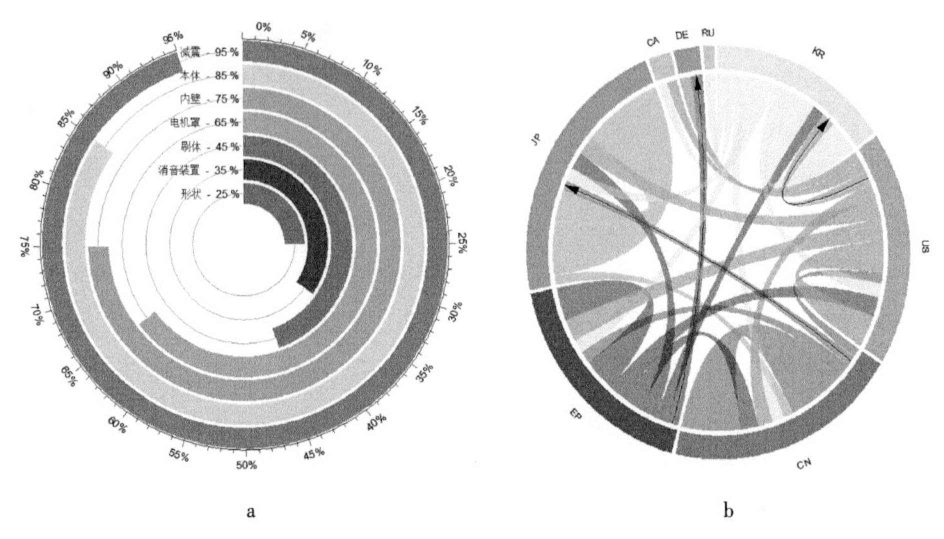

a　　　　　　　　b

图1-4　专利技术分析示例图

(3) 申请主体分析

申请主体分析主要包括确定重要市场主体、分析市场主体的专利区域分布、重点技术、重要产品、研发团队、重要发明人、专利合作关系以及企业并购和专利诉讼等。该分析内容所涉及的分析图表主要有弦图、力导图、矩阵图、雷达图、南丁格尔玫瑰图等。

图1-5为申请主体分析示例图，左图为申请主体合作关系力导图，用于分析重要申请人合作关系；右图为申请人合作关系热力图，用于反映不同申请之间合作关系的紧密程度。

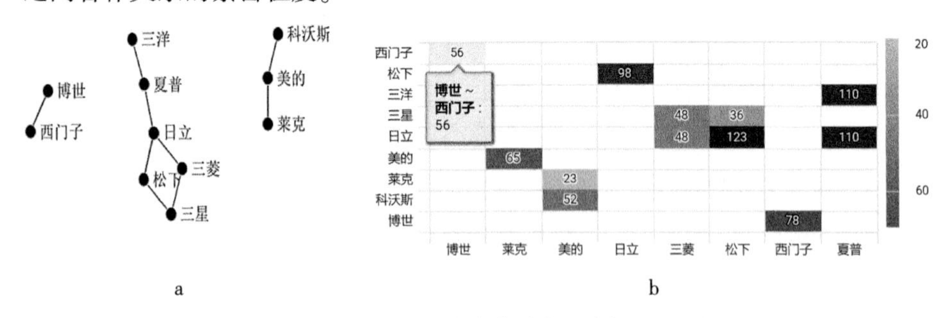

a　　　　　　　　b

图1-5　申请主体分析示例图

4. 数据挖掘与建模阶段

数据挖掘与建模阶段是利用处理好的专利数据，选择合适的数据挖掘算法，建立数据模型，进一步挖掘数据背后隐藏的专利信息。

例如，在专利价值评估工作中，我们可以选择已知专利价值属性的专利数据，挑选部分数据属性，利用人工神经网络对这部分专利数据进行学习，训练神经网络模型，然后对训练好的模型进行测试，当模型准确度达到预期分析要求时，我们可以将模型部署到新的待分析数据集，利用人工神经网络模型对待分析的专利数据进行专利价值属性预测。图1-6为本书第5章中用来预测专利价值属性的双隐层神经网络模型。

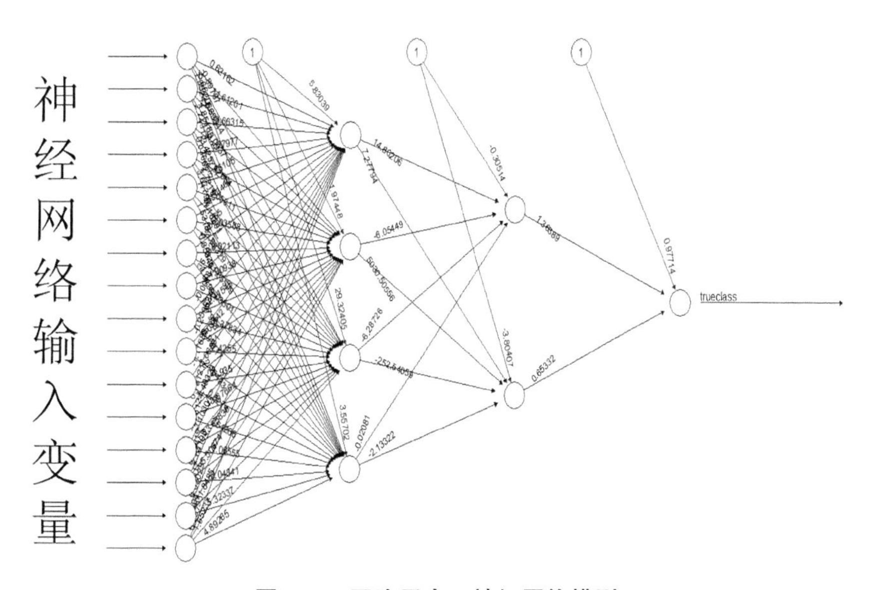

图1-6 双隐层人工神经网络模型

5. 报告撰写阶段

在完成上述四个步骤的分析之后，我们需要将分析得到的结论撰写成文，形成结构清晰、图文并茂、逻辑通顺的专利分析报告。报告中既需要包含对数据本身的解读，更需要分析人员基于前面的分析手段，挖掘数据背后隐藏的专利信息，从而充分发挥专利分析的价值。

1.2.2 当前专利分析基本方法

编者在充分研究现有专利分析工具的基础上，对当前主流专利分析方法进行了归纳总结，主要分为如下四类：

1. 基于传统 EXCEL 软件的专利分析方法

该分析方法是专利分析最为经典和最为常用的，其基于 EXCEL 软件丰富的数据处理功能，可以实现基本专利分析需求，包括常规分析图表的可视化呈现，EXCEL 均有不错的应用表现。但随着专利数据的爆炸式增长，分析的数量级呈几何级数增长，EXCEL 运行效率低下，难于应对当前大数据时代下的专利分析任务。但不论如何，EXCEL 作为一款经典的数据处理软件，其在小数据量范围内的专利分析领域仍然具有较好的应用前景。

2. 基于商业智能软件的专利分析方法

该类分析方法通常采用当前商业智能（BI）软件平台，诸如 Power BI，Tableau 等商业智能软件，通过后台建立的数据关联模型，可以实现多维数据的实时联动分析，从而帮助分析人员挖掘更深层次的数据信息。该类分析方法在 EXCEL 传统分析方法的基础上，将静态图表转化为动态可交互图表，极大地拓展了专利分析的内涵，得到专利分析人员广泛使用和好评。

3. 基于检索分析一体化平台的专利分析方法

上述两种分析方法都需要专利分析工作者熟练掌握相关分析软件的使用方法，在针对不同的分析项目时，所有工作均需要人工手动操作，重复性劳动较多，分析人员在数据处理和可视化上耗费大量时间，分析效率较低。得益于互联网技术的发展，越来越多的分析人员转而使用检索分析一体化软件平台进行专利分析，诸如前文提及的 Patentics 专利分析客户端等，其提供了较为方便快捷的专利分析一站式分析方法，分析人员将检索得到的数据直接交由平台处理，从而省去大量的数据处理和可视化工作，将有限精力聚集在信息挖掘上。从这个角度来说，基于检索分析一体化的平台的专利分析方法不失为专利分析方法的革命性进步，是互联网时代下的新兴技术。但是，正如 1.1.1 节中所提及的那样，利用上述专利分析平台进行分析会受限于平台本身的功能，很难做到分析方案可定制化，这会影响专利分析人员的想象力和创造力，容易导致分析报告的模式化。因此，第四种专利分析方法应运而生。

4. 基于数据编程技术的专利分析方法

正是由于传统 EXCEL 分析方法无法高效地完成大数据时代下的专利分析工作，而基于检索分析一体化的平台缺乏分析方案的可定制化缺陷，限制了专利分析人员的分析内容。因此，在上述 3 种方法之外，专利分析工作者探索出新的专利分析方法，即利用数据编程技术改造传统专利分析方法，结合检索分析一体化平台提供的数据接口，既克服了传统数据处理软件功能的不足，又利用了互联网时代下的分析平台的优秀功能，从而为专利分析工作高效率、可定制化提供了可能。比较流行的有基于 R 语言的专利分析方法，基于 Python 的专利分析方法等，其均是利用数据编程技术实现对专利数据的挖掘，进一步丰富了专利分析的方法。

1.2.3 专利分析的发展方向

目前，人工智能在很多领域得到了发展，给人们的日常生活和工作带来了巨大影响。虽然人工智能在专利分析领域也仅仅涉足尚属探索阶段的智能检索，其他环节基本属于空白。但是，我们有足够的理由相信，随着计算能力的迅速提升以及核心算法的突破，加之海量专利数据的支撑，在未来，专利分析也必将朝着智能化的方向不断发展。因此，探索研究基于深度学习的人工智能专利分析方法，势在必行，时不我待。这必将会再次带来专利分析领域的革命性变革。

值得提出的是，本书在第 5 章中尝试将深度学习算法引入专利分析领域，利用人工神经网络、朴素贝叶斯等深度学习算法进行专利数据挖掘，并初步解决专利分析领域中的部分现实问题，以探索基于人工智能的专利分析方法。但限于编者的水平，上述深度学习算法还不够完善，准确度还有待进一步提高，我们希望以此抛砖引玉，能使更多的专利分析工作者关注人工智能领域，并进一步拓宽人工智能在专利分析领域的应用。

1.3 数据科学概论

作为一本主要以数据为研究对象的书籍，在正式开始本书内容学习之前，有必要介绍一下数据科学的一些基本概念，从而帮助我们更好地学习本书知识。

1.3.1 数据取样与探索

专利分析的基础是专利数据，因此，在进行专利分析工作之前，我们需要拿到待分析的原始专利数据。一般来说，我们可以从外部专利检索业务系统中获取需要分析的专利数据样本，如Patentics系统。

在信息科学领域中有一个基本定律，即GIGO定律（Garbage In，Garbage Out），其反应的规律为：系统仅能对正确的输入进行处理，并产生有意义的输出，而当输入的信息出现错误时，输出信息也必定是错误的。因此，我们在进行数据取样时，要遵循如下3个基本原则：一是相关性，二是可靠性，三是有效性。只有通过选择相关的、可靠的、准确的数据，我们才能够从数据分析中得出可靠并正确的结论。因此，从数据仓库进行数据取样时，一定要严把数据质量关，因为我们的专利分析工作是要探索隐藏在专利数据冰山下的具有一定规律性、指导性的结论，如果原始数据有误，那么就很难从中探索出有用的结论。

在数据科学领域，衡量取样数据质量的方法主要是抽样。抽样的方式有多种，如常见的随机抽样法、等距抽样法、分层抽样法，通过抽样检验，我们可以定性得出取样数据的质量好坏，从而决定是否需要进一步修订数据或重新取样。

在拿到可靠准确的取样数据后，我们需要对数据做初步的探索。例如，数据中是否存在缺失值、异常值，数据属性的分布情况，是否具有明显的矛盾或不相容情况，是否有重复的数据，或者数据中含有特殊符号或乱码等情况，是否出现未曾设想过的数据状态。探索数据的方法有很多，我们既可以用概率统计的方法从数量上反映数据状态，也可以用图形和可视化方法发现问题。数据探索后，我们可以大致了解数据状态，有助于我们接下来选择合适的数据预处理和数据挖掘方法。因此，在完成数据取样后适当地进行数据探索是数据分析工作中非常必要的环节。

1.3.2 数据预处理与可视化

在数据分析工作中，海量的原始数据中存在着大量不完整、不一致、存在异常值的缺陷数据，这些状况的存在都会严重影响后续数据可视化和数据挖掘的执行效率，甚至会导致数据挖掘结果严重偏离真实情况。因此，在数据分析中，我们需要进行一系列的数据清洗、集成、变换、整理等工作，这些工作统称为数据预处理。

例如，针对缺失值，我们既可以采用删除法丢弃该部分数据，也可以采用插补法补全该部分数据。插补的方法也有很多，如均值替换、回归插补等。针对异常值，我们一般采用箱线图来识别，并采用删除法或者均值修正法进行数据修复。此外，我们还需要将分布在不同数据源中的数据拼接合成，并对某些属性值进行规范化，即数据归一化处理，常用的归一化方法有最小—最大规范化、零—均值规范化等。通过上述对数据的多种操纵，我们将原始数据整理成清洁整齐，格式规范的数据，从而作为后续分析的直接对象。

数据可视化是数据分析的重要组成部分，通过数据分析，我们用图形化的语言将数据信息呈现出来。分析人员在数据可视化工作中，首先需要确定可视化的形式，需要综合考虑用户需求、信息属性和展示的媒介等外部因素，基于数据关系、分析的内容与图表的对应关系，选择合适的图形表达形式。一般来说，可视化图表既有简单静态的基本图表，也有交互动态的高级图表，既有常规的制图软件，如 EXCEL 软件，也有高级的制图工具，如 PowerBI，Tableau，Echarts 等，分析人员应该遵循一定的制图规范和设计原则，向读者传递清楚、准确、完整的数据信息，不能一味求新求变，要始终明确，可视化形式是“表”，要始终服务于信息内容这个“里”，以用户需求为中心，选择恰当的可视化方案。

1.3.3 数据挖掘与建模

数据挖掘是从大量数据中挖掘出隐含的、先前未知的、对决策有潜在价值的关系、模式和趋势，并用这些知识和规则建立用于决策支持的模型，提供预测性的决策支持的方法、工具和过程。数据挖掘有助于发现业务的发展趋势，揭示已知的事实，预测未知的结果。因此，数据挖掘与建模是数据科学的重要内容。

通过前述数据探索与预处理，我们拿到了可以直接用于数据挖掘和建模的原始数据。从宏观方面来说，数据挖掘的任务主要分为以下几类：分类与预测、聚类分析、关联分析、时序模型、偏差分析。每种任务均有相应的数据挖掘算法来实现。例如，聚类分析有常见的K-Means均值聚类，K-中心点聚类；分类与预测算法有决策树、人工神经网络等，其均是针对不同的挖掘任务场景开发的数据处理编程算法，在R语言编程环境中，均提供了相应的包以及函数接口供开发人员调用，极大地方便了代码开发的效率。

数据挖掘与建模的过程，从流程上来看，主要包括如下几个步骤：定义挖掘目标、数据取样、探索与数据预处理、挖掘建模、模型评价。其中，数据取样、探索与数据预处理环节与前面两节中所提及的数据分析工作内容相同。因此，数据挖掘与建模工作的首要内容是要针对具体的数据挖掘应用需求，了解每种挖掘任务的目标和效果，并结合实际专利分析需求进行选择。例如，我们需要明确该挖掘任务是属于分类预测任务，还是聚类分析任务，从而选择合适的算法来实现，最后，我们需要对得到的分析结果进行评价，从中选择最好的一个模型，并对该模型进行解释和应用。

1.4 小结

本章对本书的撰写背景进行了分析，给出了本书使用方法，希望读者能在本书给出的学习路线的指引下，快速掌握本书的知识内容。

作为一本介绍专利分析的教材，本书还对专利分析中涉及的一些基本概念进行了简要阐述，梳理了常规专利分析的基本流程与方法，从而帮助读者更好的理解后续章节中有关专利分析的知识内容。

此外，作为一本数据编程技术的教材，本书还对数据科学中的基本概念进行了简单说明，从而帮助读者明晰数据分析工作的主要内容和各个环节在数据分析全流程中的位置，便于从宏观上把握数据分析工作。

第 2 章　R 语言入门

2.1　本章概述

近年来，随着计算机和互联网的快速发展，数据量呈现几何级数的爆发式增长，数据分析的方式也发生了巨大的变化。同样的，专利分析领域，在海量数据面前，传统数据处理工具，诸如 EXCEL，已经无法支持专利大数据分析场景，这迫切需要我们改变传统的分析模式，寻找大数据时代下更为高效、更为便捷的数据分析工具。

幸运的是，数据分析科学的发展为专利分析人员提供了改变传统分析模式的可能，我们并不苛求每一位专利分析人员都能精通计算机编程语言，但是，我们可以通过较少的学习成本获得更为高效的工作方式，从而极大地提高专利分析工作的广度和深度。R 语言正是这样的一种低成本计算机语言，更确切地说，是一种数据分析语言，其具有开源免费等诸多优点，支持海量数据的快速处理，并且集成有高水准的数据可视化功能。因此，利用 R 语言作为专利分析工具是大数据时代下专利分析人员的一项重要技能，也是实现高效率分析、高质量报告的一种重要方法。

本章将带领专利分析人员走入 R 语言的大门，初步熟悉 R 语言编程在专利分析领域中的应用。本章将重点介绍如下内容：

- R 语言简介与安装
- R 包的使用
- 常用 R 包及函数使用介绍

- R 语言数据结构

我们希望，在本章结束时，读者能初步了解并掌握 R 语言的编程环境，熟悉 R 语言的一些基本概念，并能解决专利分析领域的一些简单的数据处理场景。如果读者希望更加全面、深入地掌握 R 编程，可以参考有关 R 语言的书籍，从而获得更加系统的 R 语言知识。

2.2　R 语言简介与安装

2.2.1　R 语言简介

R 语言是一种免费的科学统计和制图的语言和环境，起源于 John Chambers 及其同事在贝尔实验室（前身为 AT&T，现为朗讯科技）开发的一种用来进行数据探索、统计分析和作图的解释型语言——S 语言，属于 GUN 系统。因此，R 语言具有自由、免费、源代码开放的特点。R 语言可被认为是当前最为流行的一种用于数据分析和统计制图的语言及操作环境，能够运行在 Windows 系统、Unix 系统和 MacOS 系统下。所以，当我们提及 R 语言时，既是指一种计算机语言，也是一种软件环境。本书后面主要使用 R 语言这个称谓，有时也会使用 R 软件、R 来称它。读者应该明白，尽管这些称谓各异，但是它们所指代的事物是统一的。

当前数据分析与挖掘已经成为非常热门的话题，各行各业每天都在进行数据分析活动，在专利分析领域也不例外，而可以运用于数据分析的软件也林林总总，如我们熟知的 MATLAB、EXCEL、SPSS，SAS，Python 等。那么我们为什么选择 R 语言作为专利分析的工具呢？总的来说，R 具有如下特点：

（1）R 是一个完全自由、免费的软件，其能够在官网上下载安装程序、源代码、包和文档资料。

（2）R 是一种解释型语言，语法简单，易学，便于掌握，能够由用户开发自己的函数实现针对性的功能，并可制作成包。

（3）R 的免费开源使其获得了全球的大量用户群，因此它有来自全球的热心用户为其编写软件包。借由这些软件包，R 的功能被极大的扩展，针对某些具体领域的统计分析的功能被不断完善和加强。如在经济统计、生物遗传计算等领域都可以通过扩展包实现。

（4）R 具有强大的绘图功能，能够进行交互式数据分析和专业的统计制图，轻松实现数据的可视化，输出的图形可以直接保存为 JPG，BMP，PNG 等图片格式，还可以直接保存为 PDF 文件。

（5）R 能从不同的数据源获取源数据，并使用各种 R 程序包中的函数对源数据进行处理，保存。

（6）R 能够嵌入至其他编程语言完成的应用程序中，在其他语言中吸收 R 强大的数据处理能力。

此外，R 能够在具有 2G 内存的 Windows PC 上轻松处理包含 1000 万个元素的数据集，在 4G 的 MacOS 上能够完成上亿元素的数据处理。随着科技的发展，专利数据会呈现爆炸式的增长，通过传统的 EXCEL 软件来处理海量专利文献数据会显得越来越捉襟见肘，由于 R 语言具有上述众多的优势，因此，选择使用 R 语言来处理并分析专利数据将是未来专利分析的趋势。借助 R 语言工具，将会使专利分析工作的广度和深度得到极大的拓展，进一步丰富并完善专利分析的内涵。

2.2.2 R 安装及 RStudio 简介

R 可以在 CRAN（https://cran.r-project.org）上免费下载，其具有针对不同平台的版本，用户可以根据自己的 PC 平台下载不同的 R 进行安装即可，如图2-1所示。

The Comprehensive R Archive Network

Download and Install R

Precompiled binary distributions of the base system and contributed packages, **Windows and Mac** users most likely want one of these versions of R:

- Download R for Linux
- Download R for (Mac) OS X
- Download R for Windows

R is part of many Linux distributions, you should check with your Linux package management system in addition to the link above.

图 2-1　R 下载页面

本书所有代码的开发均使用的是 Windows 平台，因此，现针对 Windows 平台进行 R 安装介绍。安装完成后打开会出现图 2-2所示的 R 软件界面。

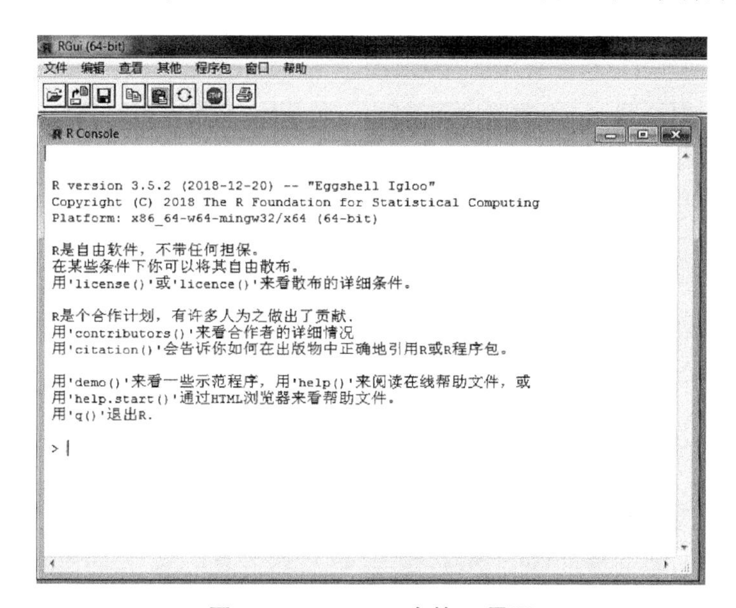

图 2-2　Windows 中的 R 界面

可以看出，上述 R 操作界面无法很好地展示多行编写的代码，只能逐行显示代码内容，且对于 R 代码的调试和代码展示不够友好。因此，出现了很多针对 R 的 IDE 集成开发环境，RStudio 就是其中一款对用户非常友好的 IDE 软件，其分为桌面版和服务器版，两者都包括了免费版和付费版，用户可通过 RStudio 的官网（https://www.rstudio.com/products/rstudio/download/）下载。安装成功后，运行 RStudio 程序，其界面如图 2-3所示：

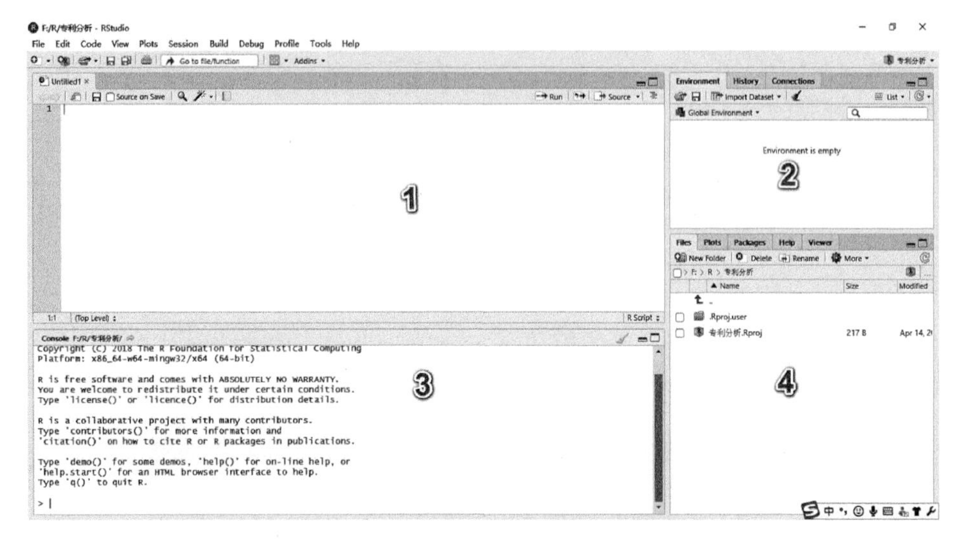

图2-3　Windows 中 RStudio 开发环境

下面，对上述 RStudio 开发环境中的 4 个区域功能简单介绍：在区域 1 中能够方便地编辑 R 代码；在区域 2 中能够显示运行过程中的数据以及运行的历史代码；区域 3 为 R 的控制台，其能够测试 R 语句或安装数据处理函数包，并展示代码运行过程中的错误或警告信息；区域 4 中能够查询安装的包和绘制的图以及获取帮助的内容介绍。由于 RStudio 的使用非常简单，本书不再对此作过多介绍，读者可以自由选择开发环境来执行本书中所涉及的代码。

需要注意的是，在正式使用 RStudio 之前，我们需要做一些配置。由于专利数据中包含了大量的中文字符，为了能够在该 RStudio 中正常显示中文字符，需要对 RStudio 和系统修改一些配置。如图 2-4所示，首先打开 Tools->Global Options…->Code->Saving，修改 Default text encoding 为 UTF-8；其次需要将 Windows 的控制面板中的“区域和语音”中的区域设置为 China，这样才能将中文字符正确显示。

图 2-4　RStudio 设置

2.3　R 包的使用

2.3.1　R 包的介绍

由于 R 是开源的，因此，它为用户根据自己的需求来自定义地对系统本身进行功能扩展提供了可能。当某些用户为实现某些特殊功能而自行编写了一个功能模块时，它可以在对该功能模块进行封装后发布，这些所谓的功能模块就是包。

包是 R 函数、数据、预编译代码以一种定义完善的格式组成的集合，全球范围内为数众多的富有热情的贡献者无私地将他们的劳动成果发布到网络上与他人共享，这既是开源精神的所在，也是R中最激动人心的一部分功能，这些功能包提供了横跨各个领域、数量惊人的新功能。

R在安装的过程中已经自带了一系列的默认包（包括 base、datasets、utills、grDevices、graphics、stats 和 methods），这些默认包提供了大量的默认函数和数据集，如果上述默认包还不能满足工作和学习的需要，用户可以自行安装其他的扩展包。R中所有的包都可以从 CRAN 网站下载得到，其在 PC 上的存储目录称为库（library）。通过函数 libPaths( )能够方便地获取库的位置，函数 library( )能够方便查询包含哪些包，或者通过 RStudio 中区域 4 中的 Packages 找到已经安装的所有包，安装好后通过载入包才能使用。

2.3.2 R包的安装和载入

默认的R包并不能完全满足日常的工作和学习需求，且全球大量优秀程序工作者为该开源的R制作了大量的包，其能够进一步方便地解决数据处理和展示等方面的工作。因此，我们需要安装其他的包来解决日常工作中的数据问题。通过使用函数 install. packages("...")，将包的名字替换其中的“...”实现包的安装。例如，需要安装 dplyr 包，可以通过 install. packages("dplyr")进行安装，每个包只需要安装一次即可，后续如果需要更新只需要使用 update. packages("...")实现包的更新，对于不需要的包可以通过 remove. packages("...")卸载。

通过上述安装命令安装的包被下载放入了库中，在R代码中要使用该包的函数功能的话，需要通过 library (...)（将需要使用的包名替换成“...”）来载入这个包，载入后即可使用包中的函数和数据。例如，要使用 dplyr 包，可以通过 library（dplyr）进行载入，载入一个包之后，就可以使用该包所包含的函数和数据集了。通常，包中提供了演示性的小型数据集和示例代码，它们可以帮助用户快速熟悉包中所提供的新功能。此外，命令 help(package="dplyr")可以输出某个包的用户使用手册，其中给出了各个函数的参数定义和使用方法，这些信息也能从 CRAN 网站下载得到。读者还可以通过网站 https://www.rstudio.com/resources/cheatsheets/，下载得到R包的 cheetsheets，其以图文并茂的形式给出了主要包的函数使用场合和参数设置范例。

2.4　常用 R 包及函数使用介绍

R 提供了大量的包（packages）供使用者下载使用，我们需要利用 R 中丰富的包函数命令来帮助我们实现专利分析中的数据处理和可视化工作，从而简化代码设计，避免陷入冗长烦琐的代码编辑旋涡中，让专利分析人员将更多的精力放在专利分析中。

本节将针对专利分析中数据处理环节，简单介绍本书中数据处理和可视化章节中涉及的部分常用的 R 包以及函数功能。R 中用“#”开始的语句表示对代码的解释，其并不在程序中执行，仅用来对代码进行注释，便于理解，读者应该知晓。本书中出现以“#”开始的文字表示对代码的释义。

2.4.1　数据整理——tidyr

数据整理在专利分析领域的使用最为频繁，本书也大量使用 tidyr 包中的函数进行数据整理，主要分为数据表“宽转长”“长转宽”，数据拆分，数据合并。下面对各个函数的使用方法做简单介绍。

1. “宽转长”——gather( )

使用 gather( ) 函数实现宽形表转换为长形表，语法如下：

```
gather(data,key,value,…,na.rm=FALSE,convert=FALSE)
```

data：需要被转换的宽形表

key：将原数据框中的所有列赋给一个新变量 key

value：将原数据框中的所有值赋给一个新变量 value

…：可以指定哪些列聚到同一列中

na.rm：是否删除缺失值

如下列代码：

```
>widedata<-data.frame(年份=c(2015,2016,2017),美的=c(10,20,30),
莱克=c(22,33,44))
>widedata
    年份    美的    莱克
1   2015    10      22
2   2016    20      33
3   2017    30      44
>longdate<-gather(widedata,申请人,申请量,美的,莱克)
>longdate
    年份    申请人  申请量
1   2015    美的    10
2   2016    美的    20
3   2017    美的    30
4   2015    莱克    22
5   2016    莱克    33
6   2017    莱克    44
```

2. “长转宽”——spread()

有时，为了满足建模或绘图的要求，往往需要将长形表转换为宽形表，此时需要使用函数 spread。函数语法如下：

```
spread(data,key,value,fill=NA,convert=FALSE,drop=TRUE)
```

data：需要转换的长形表

key：需要将变量值拓展为字段的变量

value：需要分散的值

fill：对于缺失值，可将 fill 的值赋值给被转型后的缺失值

如下列代码：

```
>widedata2<-spread(longdate,申请人,申请量)
>widedata2
   年份   莱克   美的
1  2015   22     10
2  2016   33     20
3  2017   44     30
```

3. 数据拆分——separate()

专利分析领域，我们有时会需要将带有分隔符的数据列拆分成多列，或者拆分成多行。tidyr 包中有专门处理数据拆分的函数 separate，函数语法如下：

```
separate(data,col,into,sep="[^[:alnum:]]+",remove=TRUE,
convert=FALSE,extra="warn",fill="warn",…)
```

```
data:数据框
col:需要被拆分的列
into:新建的列名,为字符串向量
sep:被拆分列的分隔符,可以用正则表达式
remove:是否删除被分割的列
```

如下列代码：

```
>df<-data.frame(x=c(NA,"a.b","a.d","b.c"))
>df
     x
1  <NA>
2   a.b
3   a.d
4   b.c
>df1<-separate(df,x,c("A","B"))
```

```
>df1
     A     B
1  <NA>  <NA>
2    a     b
3    a     d
4    b     c
```

tidyr 还提供了另外一个按行拆分的函数，separate_rows()，代码如下：

```
>df<-data.frame(
  x=1:3,
  y=c("a","d,e,f","g,h"),
  z=c("1","2,3,4","5,6"),
  stringsAsFactors=FALSE)
>df
  x     y      z
1 1     a      1
2 2 d,e,f  2,3,4
3 3   g,h    5,6
>separate_rows(df,y,z,convert=TRUE)
```

运行结果为：

```
  x y z
1 1 a 1
2 2 d 2
3 2 e 3
4 2 f 4
5 3 g 5
6 3 h 6
```

2.4.2 表格操纵——dplyr

dplyr 包是 Hadley Wickham 的作品，主要用于数据清洗和整理，该包专注 dataframe 数据格式，能够大幅提高数据处理速度，并且提供了与其他数据库的接口，本节将对 dplyr 中经常使用的几个数据处理功能作简要介绍。

1. 数据筛选——filter( )

filter（）函数和 slice（）函数可以按给定的逻辑条件筛选出符合要求的子数据集。filter 函数利用变量条件值进行行筛选，slice 函数利用行号进行行筛选，代码简洁高效，同时也支持对同一对象的任意个条件组合（表示 AND 时要使用 & 或者直接使用逗号）。

如下列代码：

过滤出 cyl<6 并且 vs==1 的行

```
>filter(mtcars,cyl<6&vs==1)
>filter(mtcars,cyl<6,vs==1)
```

过滤出 cyl 为 4 或 6 的行

```
>filter(mtcars,cyl%in% c(4,6))
```

选取第一行数据

```
>slice(mtcars,1L)
>filter(mtcars,row_number()==1L)
```

选取最后一行数据

```
>slice(mtcars,n())
>filter(mtcars,row_number()==n())
```

选取第 5 行到最后一行所有数据

```
>slice(mtcars,5:n())
>filter(mtcars,between(row_number(),5,n()))
```

2. 数据排列——arrange()

arrange()按给定的列名依次对行进行排序。默认是按照升序排序，对列名加 desc()可实现倒序排序。

如下列代码：

以 cyl 和 disp 联合升序排序

```
>arrange(mtcars,cyl,disp)
```

以 disp 降序排序

```
>arrange(mtcars,desc(disp))
```

3. 变量选择——select()

select()用列名作参数来选择子数据集。dplyr 包中提供了某些特殊功能的函数与 select 函数结合使用，用于筛选变量，包括 starts_with，ends_with，contains，matches，one_of，num_range 和 everything 等。用于重命名时，select()只保留参数中给定的列；rename()保留所有的列，只对给定的列重新命名。如下列代码。

（1）选取变量名前缀包含 Petal 的列：select(iris,starts_with("Petal"))。

（2）选取变量名前缀不包含 Petal 的列：select(iris,-starts_with("Petal"))。

（3）选取变量名后缀包含 Width 的列：select(iris,ends_with("Width"))。

（4）选取变量名后缀不包含 Width 的列：select(iris,-ends_with("Width"))。

（5）选取变量名中包含 etal 的列：select(iris,contains("etal"))。

（6）选取变量名中不包含 etal 的列：select(iris,-contains("etal"))。

（7）正则表达式匹配，返回变量名中包含 t 的列：select(iris, matches(".t."))。

（8）正则表达式匹配，返回变量名中不包含 t 的列：select(iris,-matches(".t."))。

（9）直接选取列：select(iris,Petal.Length,Petal.Width)。

（10）返回除 Petal.Length 和 Petal.Width 之外的所有列：select(iris,-Petal.Length,-Petal.Width)。

（11）使用冒号连接列名，选择连续的多个列：select(iris,Sepal.Length:Petal.Width)。

（12）选择字符向量中的列，select 中不能直接使用字符向量筛选，需要使用 one_of 函数：vars<-c("Petal.Length","Petal.Width")，select(iris,one_of(vars))。

（13）返回指定字符向量之外的列：select(iris,-one_of(vars))。

（14）返回所有列，一般调整数据集中变量顺序时使用：select(iris,everything())。

（15）调整列顺序，把 Species 列放到最前面：select(iris, Species, everything())。

此外，dplyr 还具有变量重命名函数，rename(...)，如下列代码。

重命名列 Petal.Length，返回子数据集只包含重命名的列

```
select(iris,petal_length=Petal.Length)
```

重命名所有以 Petal 为前缀的列，返回子数据集只包含重命名的列

```
select(iris,petal=starts_with("Petal"))
```

重命名列 Petal.Length，返回全部列

```
rename(iris,petal_length=Petal.Length)
```

4. 数据变形——mutate( )

mutate( )和 transmute( )函数对已有列进行数据运算并添加为新列，不同的是可以在同一语句中对添加的列进行操作。mutate( )返回的结果集会保留原有变量，transmute( )只返回扩展的新变量。示例如下：

添加新列国内外，区分国内申请和国外申请：y1<-mutate(y1,国内外=ifelse(国家=="CN","国内","国外"))。

5. 数据去重——distinct( )

distinct( )用于对输入的数据集进行去重，返回无重复的行，处理速度快。示例如下：

（1）以变量 x 去重，只返回去重后的 x 值：distinct(df,x)。

（2）以变量 x 去重，返回所有变量：distinct(df,x,.keep_all=TRUE)。

6. 数据概括——summarize( )

对数据框调用函数进行汇总操作，返回一维的结果。示例如下：

（1）返回数据框 mtcars 的行数：summarise(mtcars,n( ))。

（2）返回不重复的 gear 数：summarise(mtcars,n_distinct(gear))。

（3）返回数据框中变量 disp 的均值：summarise(mtcars,mean(disp))。

7. 数据分组——group_by( )

group_by( )用于对数据集按照给定变量分组，返回分组后的数据集。对返回后的数据集使用以上介绍的函数时，会自动的对分组数据进行操作。示例如下：

（1）使用变量 cyl 对 mtcars 分组，返回分组后数据集：by_cyl<-group_by(mtcars,cyl)。

（2）使用变量 cyl 对 mtcars 分组，然后对分组后数据集使用聚合函数：by_cyl<-group_by(mtcars,cyl)。

（3）返回每个分组的记录数：summarise(by_cyl,n( ))。

（4）返回每个分组中唯一的 gear 的值：summarise(by_cyl,n_distinct(gear))。

8. 数据关联——join()

数据框中经常需要将多个表进行连接操作，如左连接、右连接、内连接等，dplyr包也提供了数据集的连接操作。相当于数据的合并查找，并根据匹配情况，选择保留哪部分数据。示例如下：

（1）内连接，默认使用同名数据变量：inner_join(df1,df2)。

（2）左连接，默认使用同名数据变量：left_join(df1,df2)。

（3）右连接，默认使用同名数据变量：right_join(df1,df2)。

（4）全连接，默认使用同名数据变量：full_join(df1,df2)。

9. 数据合并——bind()

dplyr包中提供了按行/列合并数据集的函数，合并的对象为数据框，也可以是能够转换为数据框的列表。按行合并函数bind_rows()通过列名进行匹配，不匹配的值使用NA替代；按列合并函数bind_cols()通过行号匹配，因此合并的数据框必须有相同的行数。如下列代码：

（1）按行合并数据框：bind_rows(df1,df2)。

（2）按行合并数据框，生成id列指明数据来自的源数据框，id列的值使用数字代替：bind_rows(list(df1,df2),.id="id")。

（3）按列合并数据框one和two：bind_cols(one,two)。

2.4.3　字符处理——stringr

字符串处理虽然不是R语言中最主要的功能，但其同样也是必不可少的，在数据处理和可视化的操作中都会用到。对于R语言本身的base包提供的字符串基础函数，随着时间的积累，已经变得很多地方不一致，不规范的命名，不标准的参数定义，很难看一眼就上手使用。stringr包是Hadley Wickham开发的处理字符串的程序包，stringr包的出现正是为了解决这个问题，让字符串处理变得简单易用，并为用户提供了友好的字符串操作接口。

stringr包用于字符串处理的函数多达30多个，本节将选取部分专利分析数据处理领域常用的几个函数进行介绍，归纳起来主要有4种："拆、替、抽、取”。关于该包的其他函数功能，读者可以参考该包的使用手册自行研究。

1. “拆”，字符串分割——str_split( )

```
str_split(string,pattern,n=Inf,simplify=FALSE)
```

string：指定需要处理的字符串向量
pattern：分隔符，可以是复杂的正则表达式
n：指定切割的份数，默认所有符合条件的字符串都会被拆分开来
simplify：是否返回字符串矩阵，默认以列表的形式返回

如下列代码：

```
>str_split(c('CN12345678|JP021986|US876543','WO201398765|KR8752323|EP564872'),'\\|')
[[1]]
[1] "CN12345678"  "JP021986"   "US876543"
[[2]]
[1] "WO201398765"  "KR8752323"   "EP564872"
```

由于“|”在 R 语言中属于系统本身字符，所以需要使用双反斜杠“\\”进行转义，使 R 语言识别“|”为分隔符。

2. “替”，字符串替换——str_replace( )与 str_ replace_ all( )

两个函数的区别在于，前面函数只替换首次满足条件的子字符串，后面的函数可以替换所有满足条件的子字符串。

```
str_replace(string,pattern,replacement)
str_replace_all(string,pattern,replacement)
```

string：字符串向量

pattern：被替换的子字符串，可以是复杂的正则表达式
replacement：用来替换的字符串

如下列代码：将字符串中的“;”替换为“|”

```
>str_replace_all(c('CN12345678|JP021986;US876543;WO201398765|KR8752323|EP564872'),';','\\|')
[1] "CN12345678|JP021986|US876543|WO201398765|KR8752323|EP564872"
```

3. **“抽”，字符提取——str_extract()和 str_extract_all()**

两个函数的区别在于，前面函数只抽取出首次满足条件的子字符串，后面的函数可以抽取出所有满足条件的子字符串。

```
str_extract(string,pattern)
str_extract_all(string,pattern,simplify=FALSE)
```

string：字符串向量
pattern：抽取出满足条件的子字符串，往往使用正则表达式
simplify：是否返回字符串矩阵，默认以列表的形式返回

如下列代码：抽取字符串中的日期数据。

```
> s<-c('date:2017-04-14','date:2017-04-15','date:2017-04-16')
> date<-str_extract_all(s,'[0-9]{4}-[0-9]{2}-[0-9]{2}')
> date
[[1]]
[1] "2017-04-14"

[[2]]
[1] "2017-04-15"
```

```
[[3]]
[1] "2017-04-16"
```

4. “取”，字符串提取——str_sub()

```
str_sub(string,start=1L,end=-1L)
```

string：字符串向量
start：指定获取子字符串的起始位置
end：指定获取子字符串的终止位置

注意：如果 start 或 end 为负整数时，则从字符串的最后一个字符向前查询。

如下列代码，用于提取公开号国别。

```
> s<-c('CN611235678','JP139123344','EP1788663')
> sg<-str_sub(s,1,2)
> sg
[1] "CN"  "JP"  "EP"
```

此外，还有诸如字符串拼接函数 str_c()，字符串修剪函数 str_trim()等，限于篇幅，本书不再详细介绍，感兴趣的读者可以自行研究。

2.4.4 时间处理——lubridate

专利分析领域，我们经常需要对时间维度进行统计，因此，我们会经常需要从数据变量中提取时间，R 中提供了丰富的有关时间处理的函数包—lubridate。通过安装并载入 lubridate 包，我们可以轻松地处理有关时间的应用场景。概括来说，lubridate 包函数主要分为两类：处理时点数据（time instants）和处理时段数据（time spans）。

1. 日期数据的解析与排列

lubridate 包中，ymd("...",tz=NULL)/dmy()/mdy()函数用来处理不同顺序的日期数据，使之按年月日的形式排列，如下列代码：

```
> mdy("06-04-2011")
[1] "2011-06-04"
>dmy("04/06/2011")
[1] "2011-06-04"
> ymd('20170208')
[1] "2017-02-08"
```

2. 日期数据的提取

lubridate 包中 year("")/month()/week()/day()/hour()/minute()/second() 函数分别用来提取日期中的部分值。如下列代码：

```
> year("2019-04-02")
[1] 2019
> month("2019-04-02")
[1] 4
```

3. 时间间隔的设置与提取

Lubridate 包中还提供了时间间隔设置与提取函数，interval(start,end)用来设置时间段，time_length(x,unit)可以用来获取时间段的长度。如下列代码：

```
> from<- ymd("2011-06-04")
> to<-ymd(today())
> lastdays<-interval(from,to)
> lastdays
[1] 2011-06-04 UTC--2019-04-15 UTC
```

```
> duringtime<-time_length(lastdays,unit=" day")
> duringtime
[1] 2872
```

2.4.5 数据导入导出——openxlsx

专利分析工作的基础是专利数据，分析人员需要频繁的在分析工具和数据源之间进行数据导入和导出，R 提供了针对多种数据源和数据格式的数据导入方法，诸如通过文本文件、EXCEL、sql 数据库、网站、SPSS、SAS、XML 等各种途径导入数据。专利分析中我们一般通过专利数据库（诸如索意互动的 Patentics 客户端、合享新创的 Incopat 或智慧芽 PatSnap 等）采集相关专利数据，并将其转化为 EXCEL 格式的文件，然后再导入 R 中进行处理。本节将简单介绍如何将 EXCEL 文件导入 R 中。

实现 EXCEL 文件的导入和导出功能的函数包有若干个，诸如，xlsx、readr，openxlsx 等。本书选择 openxlsx 包作为 EXCEL 文件的处理包。该包中包含了最重要的两个函数 read. xlsx 和 write. xlsx，前者用于读取一个 EXCEL 文件的数据，后者用于将数据写入 xlsx 文件中。如下列代码：

```
library(openxlsx)
workbook<-" D:/R/patent_analysis/input.xlsx"
mydata<-read.xlsx(workbook,1,detectDates=TRUE)
```

其第一个参数用于指定 EXCEL 文件的路径，第二个参数指定读取的该 EXCEL 中的 sheet。专利文件数据中一般都是具有时间列，为了能够在调试过程中以日期方式显示时间，此处可以设置参数 detectDates = TRUE，系统自动检测文件中的日期格式数据，并将其转换为日期数据。

再如下列代码，其用于实现如下功能：创建一个 workbook，添加三个 sheet，并将三个数据框分别写入三个 sheet，保存上述 workbook，并打开该 workbook。

```
wb<-createWorkbook()  #创建一个新的 workbook
addWorksheet(wb,"技术主题分布")
addWorksheet(wb,"二级分支")
addWorksheet(wb,"三级分支")
writeData(wb,"技术主题分布",s1)
writeData(wb,"二级分支",s2)
writeData(wb,"三级分支",s3)
saveWorkbook(wb,file="技术主题分布统计.xlsx",overwrite=TRUE)
openXL("技术主题分布统计.xlsx")
```

2.5　R 语言数据结构

R 语言中有多种用于存储数据的对象类型，如向量、矩阵、数组、数据框和列表等。每种数据结构在存储方式、创建方式、定位及访问方式上均有所不同，在正式开始 R 语言编程之前，我们有必要花一定时间掌握 R 语言中的几种常用数据结构。

2.5.1　向量

向量是用于存储数值型、字符型或逻辑型数据的一维数组，我们通常用函数 c()来创建各种向量。值得指出的是，向量是严格单模式数据结构，如果尝试创建多模式数据，R 会把向量元素强制转换成单模式。

如下列向量：

```
a<-c(1,2,3,4,5)
b<-c("anhui","jiangsu","zhejiang")
c<-c(TRUE,FALSE,TRUE)
```

其中 a 为数值型向量，b 为字符型向量，c 为逻辑型向量。

创建向量后，我们还需要引用向量中的变量，即索引向量，我们用方括号［］来引用向量中的变量，如下列索引方式：

```
x1<-a[c(1,3,5)]
x2<-b[1:3]
x3<-c[-1]
```

x1为引用a向量中第1，3，5个元素，x2为引用b向量中第1至3个元素，x3为引用c向量中除去第一个元素之外的其他元素。

2.5.2 矩阵

矩阵是一个二维数组，其中每个元素都拥有相同的模式，我们可以通过下列方式来创建矩阵：

```
A<-cbind(1:3,3:1,c(2,4,6))
B<-rbind(1:3,3:1,c(2,4,6))
C<-matrix(1:12,nrow=3,ncol=4)
```

上述三种方式均可以建立一个二维矩阵，运行结果如下：

```
> cbind(1:3,3:1,c(2,4,6))
        [,1]   [,2]   [,3]
 [1,]    1      3      2
 [2,]    2      2      4
 [3,]    3      1      6
> rbind(1:3,3:1,c(2,4,6))
        [,1]   [,2]   [,3]
 [1,]    1      2      3
 [2,]    3      2      1
 [3,]    2      4      6
```

```
> matrix(1:12,nrow=3,ncol=4)
      [,1]  [,2]  [,3]  [,4]
[1,]    1     4     7    10
[2,]    2     5     8    11
[3,]    3     6     9    12
```

引用矩阵中的元素，我们需要给出行、列位置。如 x[i,j] 即为引用第 i 行，第 j 列的元素；x[i,] 为引用第 i 行的所有元素；x[,j] 为引用第 j 列的所有元素。此外，我们还可以用向量的形式引用下标，下例为引用不同位置的元素：

```
> A[1,c(1,3)]
[1] 1 2
```

2.5.3　数组

数组与矩阵类似，但是其维度可以大于 2。数组可以通过 array 函数创建，如下列代码给出了创建一个三维（2 * 3 * 4）的数值型数组的范例。

```
>dim1<-c("A1","A2")
>dim2<-c("B1","B2","B3")
>dim3<-c("C1","C2","C3","C4")
>z<-array(1:24,c(2,3,4),dimnames=list(dim1,dim2,dim3))
>z
, , C1

     B1   B2   B3
A1    1    3    5
A2    2    4    6
```

```
, , C2

     B1   B2   B3
A1   7    9    11
A2   8    10   12

, , C3

     B1   B2   B3
A1   13   15   17
A2   14   16   18

, , C4

     B1   B2   B3
A1   19   21   23
A2   20   22   24
```

数组中元素的引用方式与矩阵类似，需要指定元素的位置，如 z[1,2,3] 则指定的元素为 15。

2.5.4 数据框

数据框是 R 语言中最为重要的一种数据结构，由于不同的列可以包括不同的数据模式，因此，在 R 语言中数据框是使用的最为频繁的一种数据结构。值得提出的是，R 语言中将数据框的行称为“观测”，列称为“变量”。本书后续部分，我们不加区分地使用行或者观测，列或者变量，读者应该知晓其表示数据框的行或者列。

数据框可以通过 data. frame（） 函数创建。如下列代码，我们创建了一个具有 4 个变量的数据框，数据框名为 patientdata。

```
>patientID<-c(1,2,3,4)
>age<-c(25,34,28,52)
>diabetes<-c("Type1","Type2","Type1","Type1")
>status<-c("Poor","Improved","Excellent","Poor")
>patientdata<-data.frame(patientID,age,diabetes,status)
>patientdata
        patient ID  age    diabetes       status
1                1  25        Type1         Poor
2                2  34        Type2     Improved
3                3  28        Type1    Excellent
4                4  52        Type1         Poor
```

数据框的引用既可以用矩阵形式，指定行列下标，也可以采用直接指定列名的形式访问，也可以采用符号“ $ ”来选定一个给定的变量。

```
> patientdata[1:2]
patient    ID       age
1          1        25
2          2        34
3          3        28
4          4        52
> patientdata[c("diabetes","status")]
           diabetes          status
1          Type1               Poor
2          Type2           Improved
3          Type1          Excellent
4          Type1               Poor
```

```
> patientdata $ age
[1]        25        34        28        52
```

2.5.5 因子

因子在 R 语言中可以用来表示名义型变量或有序型变量。名义变量一般表示类别，如性别，种族等。有序变量是有一定排序顺序的变量，如职称，年级等。

在 R 语言中可以使用 factor（）函数来创建因子变量，如下列代码用于生成名义型因子变量。

```
>diabetes<-c(" Type1" ," Type2" ," Type1" ," Type1" )
>diabetes<-factor(diabetes)
diabetes
[1] Type1 Type2 Type1 Type1
Levels: Type1 Type2
```

语句 diabetes<-factor(diabetes)用于将此向量转化为因子，并存储为(1,2,1,1)，并在内部关联为 1=Type1，2=Type2。

下面我们举例解释有序型因子变量。

```
> status<-c(" Poor" ," Improved" ," Excellent" ," Poor" )
> status<-factor(status,order=TRUE)
> status
[1] Poor        Improved   Excellent Poor
Levels: Excellent < Improved < Poor
```

语句 status<-factor(status,order=TRUE)将向量编码为(3,2,1,3)，并在内部将这些值关联为 1=Excellent，2=Improved，3=Poor，针对此向量的任何分析都会将其作为有序型变量对待。

此外，因子的访问与向量基本相同。如 status [1:3]，用于访问输出 1 至 3 个水平值；status [c(1,3)]，用于访问输出第 1、第 3 个水平值。

2.5.6　列表

列表是 R 语言数据结构中最为复杂的一种，列表是对象的集合，可以包含向量、矩阵、数组，数据框，甚至是另外一个列表，且在列表中要求每一个成分都要有一个名称。列表中的对象又称为它的分量（components），在 R 语言中可以使用 list( ) 函数来创建列表。下面代码即为创建了一个列表。

```
mylist1<-list(studentName=c("张三","李四","王五","赵六"),
major=c("自动化","计算机","高分子"),
score=matrix(c(80,90,75,85,92,83,73,70,69,88,81,89),nrow=3))
```

上述代码创建了一个列表 mylist1，它包含 3 个分量：学生姓名（studentName），主修专业（major），3 个科目的考试分数（score）。在 R 中运行结果如下：

```
> mylist1
$studentName
[1] "张三" "李四" "王五" "赵六"
$major
[1] "自动化" "计算机" "高分子"
$score
        [,1]  [,2]  [,3]  [,4]
[1,]     80    85    73    88
[2,]     90    92    70    81
[3,]     75    83    69    89
```

从输出结果来看，R 分别以 3 个组分的形式输出：$studentName，$major，$score。

访问列表中的元素可以使用双重方括号来指明成分或使用成分的名称及位置来访问，如下列访问形式：

mylist1 [1] 是访问列表中的第 1 个成分，其返回的结果仍为一个列表；mylist1 [[1]] 是访问列表中的第 1 个成分的元素值，其返回的是向量，不再是列表；mylist1 $ studentName [1] 是访问第一个成分中的第一个值。R 语言中的运行结果如下：

```
> mylist1[1]
$studentName
[1] "张三" "李四" "王五" "赵六"

> mylist1[[1]]
[1] "张三" "李四" "王五" "赵六"
> mylist1$studentName[1]
[1] "张三"
```

2.6 小结

本章中我们对 R 语言进行了简单的介绍，并对 R 包的安装和使用做了重点介绍，我们重点选择专利分析数据处理中经常使用的几个数据包，并对其功能函数给出了相关示例。此外，在掌握 R 语言包的使用之后，我们还需要进一步了解并掌握 R 中几种常见的数据结构，从而为后续 R 语言编程打下基础。在学完本章节内容之后，读者可以尝试处理简单的专利分析数据，诸如 EXCEL 数据导入导出、提取申请日年份、公开号/申请号去重等基础步骤。下一章中，我们将综合利用 R 包以及 R 中的数据结构，针对专利分析的一些常见场景进行总结归纳，给出相应的 R 语言数据处理代码，以期便于读者快速、高效、可重复地处理专利数据。

第 3 章　专利数据处理

3.1　本章概述

在第 2 章中，我们给出了利用 R 语言进行专利分析数据处理的一些基本知识，读者在掌握第 2 章内容的基础上，可以尝试进行简单的数据处理任务。本章将在第 2 章的基础上，进一步探索 R 语言在专利大数据领域的数据处理方法。本章将对专利分析中几种常见的数据处理场景进行分类归纳，并对每个应用场景给出数据处理代码，以期帮助读者快速学习 R 语言并掌握用 R 处理类似应用场景。

本章将主要从年份统计分析、申请人统计分析、技术主题统计分析、同族数据处理等角度利用 R 语言对原始数据进行数据清洗和处理，并给出相应的 R 语言代码范例。最后，在掌握上述统计分析方法后，本书还根据实际分析需求，给出了多维度联合统计的两个范例，读者可以在此基础上，举一反三，掌握用 R 语言处理专利分析实际应用场景的方法。

本章主要知识如下：

- 申请年份统计
- 专利申请人统计
- 技术主题统计
- 同族数据统计
- 多维数据联合统计

读者在学完本章内容之后，应该具有将 R 语言灵活应用到专利分析应用场景的能力，并初步具备处理专利大数据的基本技能，并能根据实际分析需求设计个性化、高效率、可移植的数据处理 R 语言代码。

3.2 申请年份统计

时间序列是数据分析中的一个重要内容，无论是对数据未来发展趋势的预测，还是对历史数据分析，均需要对时间变量进行统计分析，以期从数据变化趋势找到数据变化是否存在异常点。而对于专利文献而言，时间序列主要是指与专利文献有关的时间，如申请日，公开日，优先权日等。

本节将介绍通过 R 语言来处理专利数据中有关年份的统计方法，诸如年份—申请量统计，年份—国内外申请量统计，以及年份—国别申请量统计。本节数据处理用到的部分原始数据如表 3-1 所示，在申请年份统计中，我们主要考虑如下 5 个变量：公开号、申请号、国别、优先权日、申请日。

表 3-1　年份统计数据

公开号	申请号	国家	优先权日	申请日
CN100341632C	CN200510009103. 5	CN	2004/2/3	2005/2/3
CN100342815C	CN031097006	CN	2003/4/11	2003/4/11
CN100381093C	CN200510106474. 5	CN	2004/12/30	2005/9/26
CN100390424C	CN200510003828. 3	CN	2004/1/20	2005/1/12
CN100425191C	CN200610081176. X	CN	2006/5/24	2006/5/24
CN100463641C	CN200710067048. 4	CN	2007/2/1	2007/2/1
CN100466957C	CN200410062819. 7	CN	2003/12/31	2004/6/25
CN100502755C	CN200510020841. X	CN	2005/4/29	2005/4/29
CN100530901C	CN031200435	CN	2002/2/7	2003/2/7
CN100536744C	CN200710079298. X	CN	2007/2/16	2007/2/16
CN100555148C	CN200610169034. 9	CN	2006/12/12	2006/12/12
CN100573387C	CN200710168718. 1	CN	2007/12/10	2007/12/10
CN101008855	CN200610002730. 0	CN		2006/1/25
CN101011227	CN200710067048. 4	CN	2007/2/1	2007/2/1

续表

公开号	申请号	国家	优先权日	申请日
CN101030084	CN200610051455. 1	CN		2006/2/28
CN101051772	CN200710086873. 9	CN	2006/4/5	2007/3/21
CN101084819	CN200610014166. 4	CN	2006/6/8	2006/6/8
CN1011190B	CN881085847	CN	1987/12/15	1988/12/15
CN101132868	CN200580002296. X	CN		2005/7/7

3.2.1　年份申请量统计

专利分析中，为了获得不同年份专利申请量的变化趋势，找到专利数量突变的时间节点，我们经常需要对不同年份的专利申请量进行宏观统计分析。因此，专利数据中的申请年份的处理是专利数据处理中的重要环节，我们首先介绍年份申请量统计方法。

专利法中规定的申请日是指向专利局提出专利申请之日，有优先权的是指优先权日。因此，在数据统计中，为准确提取每件专利的申请日，我们需要首先对申请日数据进行处理，即判断每件专利是否具有优先权日。如果有优先权日则将申请日确定为优先权日；如果没有优先权日，则申请日本身即为其实际申请日。根据这个思路，我们编写如下 R 语言代码：

代码 3-1　年份申请量统计代码

```
library(openxlsx)
library(lubridate)
year_statistics<-function(xlsxData,sheetData,outPut_xlsxFile)
{
  if(is.na(xlsxData))
    xlsxData<-'D:\\R\\input.xlsx'
  if(is.na(sheetData))
    sheetData=1
```

```
    if( is.na ( outPut_xlsxFile ) )
      outPut_xlsxFile<-' D:\\R\\year_statitistics.xlsx'
    DataFile<-read.xlsx ( xlsxFile = xlsxData, sheet = sheetData, detectDates =
TRUE)
    newdata<-NA
    for (i in 1:nrow( DataFile) )
  {
      if( is.na( DataFile$优先权日[i]) )
        newdata[i]<-as.character( DataFile$申请日[i])
      else
        newdata[i]<-as.character( DataFile$优先权日[i])
    }
    df<-as.data.frame( table( year( newdata) ) )
    names( df) <-c( "年份"," 申请量" )
    write.xlsx( df,file=outPut_xlsxFile,sheetName=" Sheet1" )
    openXL( file=outPut_xlsxFile)
    return( df)
  }
```

对上述代码进行解释：

首先导入数据处理中涉及的函数包，分别为 openxlsx 和 lubridate。然后，定义一个带有形参的函数，函数名为 year_statistics，其具有 3 个形式参数，分别为待处理的数据地址、数据表名以及输出保存的数据地址。当然，上述 3 个形参我们也可以默认为空，此时，3 个形参在函数内部进行赋值，分别对数据读取和写入的文件地址进行命名。

接下来，需要通过一个循环来提取申请日，通过 for 循环遍历整个专利数据中的每一行，并判断其中的优先权日列是否为 NA。若不为 NA，则将变量优先权日赋值到新定义的 newdata 中；如果为空，则将申请日变量赋值给 newdata。这样，所有数据遍历结束后，newdata 中存储的即为每件专利的实际申请日数据。

存储的申请日数据中包含了每件专利申请的年份、月份和日期，而对于专利分析，需要的是申请日数据中的年份数据，因此，需要提取出申请日中的年份值。我们在第 2 章中已经介绍过，R 语言的 lubridate 包中提供了大量的时间处理函数，可以通过其中的 year（）函数获取申请日数据中的年份数据。

接下来，继续对提取的年份数据进行统计分析。R 语言中提供了多个函数用于统计数据的频数，创建频数表，其中，最常用的是 table（var1，var2，…，varN），其用于使用 N 个类别型变量创建一个 N 维列联表。上述代码中 df<-as. data. frame(table(year(newdata))) 即为对申请日数据提取年份值，并进行汇总统计，并将结果转化为数据框格式进行存储。

最后，更改数据框变量名，并将数据写入指定的 EXCEL 文件中，并打开 EXCEL 文件。

运行上述代码后得到的数据如表 3-2 所示：

表 3-2　年份申请量统计表

年份	申请数量
1986	1
1987	4
1998	4
2002	6
2003	2
2004	4
2005	1
2009	3
2010	6
2011	2
2012	4

3.2.2 年份国内外申请量统计

上一节中我们介绍了年份与申请量的统计分析方法，本节，我们将在年份申请量统计的基础上，对每一件申请赋予一个“国内”或“国外”的属性，进一步分析年份国内外申请量。下面，我们首先给出年份国内外申请量R 语言统计分析代码，然后对该代码进行解释。

代码3-2 年份国内外申请量统计代码

```
library(openxlsx)
library(lubridate)
library(dplyr)
year_foreign_statistics<-function(xlsxData,sheetData,outPut_xlsxFile)
{
  if(is.na(xlsxData))
    xlsxData<-'D:\\R\\电机技术.xlsx'
  if(is.na(sheetData))
    sheetData=1
  if(is.na(outPut_xlsxFile))
    outPut_xlsxFile<-'C:\\R\\年份国内外统计.xlsx'
  DataFile<-read.xlsx(xlsxFile=xlsxData,sheet=sheetData,detectDates=TRUE)
  yeardata<-NA
  for (i in 1:nrow(DataFile))
  {
    if(is.na(DataFile$优先权日[i]))
      yeardata[i]<-as.character(DataFile$申请日[i])
    else
      yeardata[i]<-as.character(DataFile$优先权日[i])
  }
  DataFile<-cbind(DataFile,yeardata)
```

```
    DataFile<-mutate(DataFile,国内外=ifelse(国家=="CN","国内","国
外"))
    df<-summarise(group_by(DataFile,年份=year(yeardata),国内外),申
请量=n())
    write.xlsx(df,file=outPut_xlsxFile,sheetName="Sheet1")
    openXL(file=outPut_xlsxFile)
    return(df)
  }
```

对上述代码简要解释，以帮助读者更好的理解。

首先，和前一节基本相同，我们载入数据处理包，分别为 openxlsx、lubridate 和 dplyr。然后，我们定义一个带有形参的函数，函数名为 year_foreign_statistics，其具有 3 个形式参数，分别为待处理的数据地址、数据表名以及输出保存的数据地址。当然，上述 3 个形参我们也可以默认为空，此时，3 个形参在函数内部进行赋值，分别对数据读取和写入的文件地址进行命名。

接下来，我们提取申请日数据，并进一步提取申请日中的年份数据，这一部分的代码处理思路与前一节基本相同，这里不再赘述。

DataFile<-cbind(DataFile,yeardata)语句能将处理好的年份数据组合到原始数据框中。然后，我们利用 mutate 函数，为原数据框增添一个变量。我们可以通过 DataFile<-mutate(DataFile,国内外=ifelse(国家=="CN","国内","国外"))判断国家列是否为 CN，从而定义该件申请是国内申请或者国外申请，并将判断结果存储为“国内外”变量，从而便于后期统计。df<-summarise(group_by(DataFile,年份=year(yeardata),国内外),申请量=n())语句执行年份和国内外变量的分组统计，统计值为分组的计数。

最后，我们将 df 值输出到 EXCEL 表格中。代码运行结果如表 3-3 所示(仅为结果的部分数据)。

表 3-3　年份国内外申请量统计

年份	国内外	申请量
2003	国外	62
2004	国内	22
2004	国外	77
2005	国内	20
2005	国外	93
2006	国内	20
2006	国外	74
2007	国内	38
2007	国外	66
2008	国内	38
2008	国外	71
2009	国内	44
2009	国外	88
2010	国内	34
2010	国外	60
2011	国内	32
2011	国外	58
2012	国内	27

3.2.3　年份国别申请量统计

上一节中，我们给出了用 R 语言实现年份国内外申请数量的统计。有时，对于国内外的统计还是过于笼统，不够细化，在专利分析过程中还需要了解不同国家在不同年份的专利申请量。因此，本节我们将更进一步的从年份国别角度进行申请量统计。

和前一节一样，我们首先给出 R 语言代码范例：

代码3-3 年份国别申请量统计代码

```
library(openxlsx)
library(lubridate)
library(dplyr)
year_country_statistics<-function(xlsxData,sheetData,outPut_xlsxFile)
  {
  if(is.na(xlsxData))
    xlsxData<-'C:\\R\\电机技术.xlsx'
  if(is.na(sheetData))
    sheetData=1
  if(is.na(outPut_xlsxFile))
    outPut_xlsxFile<-'C:\\R\\年份国别统计.xlsx'

  DataFile<-read.xlsx(xlsxFile=xlsxData,sheet=sheetData,detectDates=
TRUE)
  yeardate<- NA
  for (i in 1:nrow(DataFile))
    {
    if(is.na(DataFile$优先权日[i]))
      yeardate [i]<-as.character(DataFile$申请日[i])
    else
      yeardate [i]<-as.character(DataFile$优先权日[i])
  }
  DataFile<-cbind(DataFile,yeardate)
  df<- summarise(group_by(DataFile,年份=year(yeardate),国家),申请
量=n())
  write.xlsx(df,file=outPut_xlsxFile,sheetName=" Sheet1" )
  openXL(file=outPut_xlsxFile)
```

```
  return(df)
}
```

对上述代码简要解释，以帮助读者更好的理解。

首先，和前一节基本相同，我们载入数据处理包，分别为 openxlsx、lubridate 和 dplyr。然后，我们定义一个带有形参的函数，函数名为 year_country_statistics，其具有 3 个形式参数，分别为待处理的数据地址、数据表名、以及输出保存的数据地址。当然，上述 3 个形参我们也可以默认为空，此时，3 个形参在函数内部进行赋值，分别对数据读取和写入的文件地址进行命名。

接下来，我们提取申请日数据，并进一步的提取申请日中的年份数据，这一部分的代码处理思路与前一节基本相同，这里不再赘述。

df<- summarise(group_by(DataFile,年份=year(yeardate),国家),申请量=n())可按年份、国别/地区进行分组，并对分组的结果进行计数，从而得到每组的计数结果即为申请量。最后，我们将 df 值输出到 EXCEL 表格中。代码运行结果如表 3-4所示（仅为结果的部分数据）。

表 3-4　年份、国别/地区申请量统计

年份	国别/地区	申请量
2009	WO	11
2010	CN	34
2010	DE	2
2010	EP	8
2010	FR	1
2010	GB	1
2010	JP	32
2010	KR	8
2010	RU	1
2010	US	3
2010	WO	3

续表

年份	国别/地区	申请量
2011	CA	2
2011	CN	32
2011	DE	3
2011	EP	5
2011	ES	1
2011	GB	3
2011	JP	30
2011	KR	1
2011	US	9
2011	WO	3

通过上述代码内容，可以输出统计的专利文献数据的年份、申请国别/地区和申请量的数据表。该函数中包括了 3 个参数：xlsxData，sheetData，outPut_xlsxFile。其含义分别为：xlsxData 表示需要处理的专利文献数据的 EXCEL 文件的路径和文件名，sheetData 表示需要指出 EXCEL 文件中需要处理的 sheet 表，outPut_xlsxFile 将输出数据表内容至该路径下的 EXCEL 文件中保存。上述代码在执行过程中，需要待处理的专利文献数据中包含了申请日和优先权日两列数据内容。

3.3　专利申请人统计

专利分析领域中关于申请人的分析最为常见，归纳起来，关于专利申请人的统计，主要有申请人专利数量的统计、标准申请人清洗及统计、申请人合作关系统计。本节将针对上述 3 种应用场景利用 R 语言进行数据处理与统计，并给出相应的数据处理代码。

3.3.1 申请人专利数量统计

申请人专利数量的统计主要涉及 R 语言 dplyr 包中的 summarize 函数，原始数据我们可以从 Patentics 专利分析客户端下载或者 IncoPat 等专利分析工具中获得。我们以如下典型的 Patentics 专利分析客户端中导出的 EXCEL 原始数据为例进行数据处理。限于篇幅，仅截取部分数据用于展示，如表3-5所示。

表3-5 申请人统计原始数据表

公开号	申请号	国家	发明名称	申请人
CN104783736A	CN201510018861.7	CN	机器人吸尘器及利用该机器人吸尘器的人照料方法	LG 电子株式会社
CN107969988A	CN201710958814.X	CN	马达模块以及吸尘器	日本电产株式会社
CN107920704A	CN201680050958.9	CN	吸入单元	LG 电子株式会社
CN206934050U	CN201720174709.2	CN	用于吸尘器的旋风分离装置、尘杯组件和吸尘器	江苏美的清洁电器股份有限公司
CN107536558A	CN201610492850.7	CN	一种用于印铁制罐厂房的颗粒物吸附装置	天津国瑞鑫包装制品有限公司
CN107536554A	CN201610566642.7	CN	一种擦玻璃装置	付黄华
CN107536562A	CN201710805393.7	CN	静音型吸尘器排风结构	苏州海歌电器科技有限公司
CN206852561U	CN201621437269.7	CN	一种防滑低噪声的洗地车	东莞威霸清洁器材有限公司

首先，在 RStudio 环境下新建一个 Rscript 文件，并载入处理数据所需要的应用包：

代码3-4 申请人专利数量统计代码

```
library(openxlsx)      #载入 EXCEL 文件读写包
library(dplyr)         #载入数据处理包
appStat<- function()      #申请人专利数量统计函数
```

```
{
appStat<-read.xlsx("C:/Users/Documents/申请人专利数量统计.xlsx",1)
tbl_appStat<-tbl_df(appStat)
applist<-summarize(group_by(tbl_appStat,申请人),专利数量=n())
applist<-arrange(applist,-专利数量)
wb<-createWorkbook()  #创建一个新的XLSX文件
saveWorkbook(wb,file="申请人专利数量统计.xlsx",overwrite=TRUE)
write.xlsx(x = applist, file"申请人专利数量统计 .xlsx", sheetName ="
sheet1",overwrite=TRUE)
openXL("申请人专利数量统计.xlsx ")
}
```

上述代码的数据处理逻辑如下：首先，我们利用openxlsx包中的read. xlsx函数读入待处理的数据包，我们将文件的地址作为read. xlsx函数的第一个参数。显然，读者在具体应用时，需根据实际源数据存放的位置进行适应性修改，参数1表示数据存放在该路径下EXCEL文件的第一个sheet中；

接下来，tbl_appStat<-tbl_df(appStat)语句用来建立tbl_df对象，调用dplyr数据处理函数；

applist<-summarize(group_by(tbl_appStat,申请人),专利数量=n())语句为执行申请人专利数量统计任务，我们调用dplyr包中的summarize函数，按原始数据中申请人变量进行分组，对分组进行计数，并对计数的变量命名为专利数量；

applist<-arrange(applist,-专利数量)语句对专利数量进行降序排序，利用dplyr包中的arrange函数，在降序排序的变量名前加“-”号；

write. xlsx(x = applist, file "申请人专利数量统计 .xlsx", sheetName = "sheet1",overwrite=TRUE)语句将排序后的数据写入“申请人专利数量统计.xlsx”文件中，并打开该文件。

在RStudio脚本文件中编写好上述函数后，在Console界面运行上述代码，并输入 appStat（）调用该函数，计算机输出统计后的申请人专利数量呈现给用户。结果如表3-6所示。

表3-6　申请人专利数量统计

申请人	专利数量
LG	189
松下	183
日立	112
三星电子	98
东芝	88
MATSUSHITA ELECTRIC IND CO LTD	71
戴森技术有限公司	58
莱克电气股份有限公司	36
夏普	34
乐金电子（天津）电器有限公司	30
PANASONIC CORP	28
伊莱克斯	26
TOSHIBA CORP；TOSHIBA CONSUMER ELECT HOLDING；TOSHIBA HOME APPLIANCES CORP	23
TOSHIBA TEC CORP	21
三菱	20
LG ELECTRONICS INC	18
HITACHI APPLIANCES INC	17
HITACHI LTD	17

3.3.2　标准申请人清洗

细心的读者在读完上节后可能已经发现，上述统计并输出的申请人专利数量表格中，有部分申请人并未合并，诸如 PANASONIC CORP（松下公司），MATSUSHITA ELECTRIC IND CO LTD 亦为松下公司，HITACHI（日立公司）。因此，在进行进一步的申请人专利数量统计分析之前，我们需要对申请人进行标准化，即进行标准申请人清洗。

由于每个申请人的标准名称一般均为本领域技术人员所熟知，因此，在进行标准申请人清洗之前，专利分析人员一般需事先针对该领域常见申请人给出统一的名称。例如，上述数据中，将 TOSHIBA TEC CORP、TOSHIBA CORP、TOSHIBA CONSUMER ELECT HOLDING 均统一为 TOSHIBA；将乐金电子（天津）电器有限公司、LG ELECTRONICS INC 统一为 LG，诸如此类，尤其是针对大公司，或专利数量排名靠前的重要申请人，需要给出统一的申请人名称。该项工作计算机无法代替，需要专利分析人员结合该分析领域进行制定。

如表 3-7，新增一列标准化申请人，将排名靠前的重要申请人名称进行统一。名称可以继续沿用的，可以保持不变；需要统一的，在标准化申请人一列进行修订，得到如下修订后的表格，暂且将其保存，并命名为“标准化申请人清洗表 . xlsx”。

表 3-7　标准化申请人清洗表

申请人	专利数量	标准化申请人
LG	189	
松下	183	
日立	112	
三星电子	98	三星
东芝	88	
MATSUSHITA ELECTRIC IND CO LTD	71	松下
戴森技术有限公司	58	戴森
莱克电气股份有限公司	36	莱克
夏普	34	
乐金电子（天津）电器有限公司	30	LG
PANASONIC CORP	28	松下
伊莱克斯	26	科沃斯

续表

申请人	专利数量	标准化申请人
TOSHIBA CORP; TOSHIBA CONSUMER ELECT HOLDING; TOSHIBA HOME APPLIANCES CORP	23	东芝
TOSHIBA TEC CORP	21	东芝
三菱	20	
LG ELECTRONICS INC	18	LG
HITACHI APPLIANCES INC	17	日立
HITACHI LTD	17	日立

接下来，以该表格为基础，对原始数据表格进行申请人清洗工作。和上例相同，首先，载入数据处理的包。然后，针对上述应用场景，编写如下 R 语言处理代码：

代码3-5　标准申请人清洗代码

```
library(openxlsx)
library(dplyr)
appStat2<-function()
{
    da2<-read.xlsx("C:/Users/Documents/申请人专利数量统计.xlsx",1)
    appStat<-read.xlsx("C:/Users/Documents/电机技术.xlsx",1)
    appStat<-left_join(appStat,da2,by="申请人")
    y<-nrow(appStat)
        for(i in 1:y)
  {
    if(is.na(appStat[i,c("标准化申请人")]))
      appStat[i,c("标准化申请人")]<-appStat[i,c("申请人")]
  }
  tbl_appStat<-tbl_df(appStat)
  applist<-summarise(group_by(tbl_appStat,标准化申请人),专利数
```

```
量=n())
        applist<-arrange(applist,-专利数量)
        wb<-createWorkbook()   #Creat new  XLSX file
        saveWorkbook(wb,file="申请人清洗后统计.xlsx",overwrite=T)
        write.xlsx(x=  applist,file="申请人清洗后统计.xlsx")
        openXL("申请人清洗后统计.xlsx")
      }
```

对代码解释如下：

和上一节数据处理逻辑不同的是，首先需要导入原始待处理的数据以及经分析人员标准化以后的申请人名称数据表。appStat<-left_join(appStat,da2,by="申请人")语句为利用 dplyr 包中的 left_join()函数，将两张表进行左联结，整合为一张数据表。

for 循环代码段中判断“标准化申请人”一列的数据是否为空，若为空，则表明对应该行的申请人名称无需标准化，我们直接将原始申请人名称填充过来。

随后的处理思路与上一节相同，即对变量中“标准化申请人”进行分组统计、排序。分别调用 summarize 并输出统计后的 EXCEL 文件。

申请人经清洗后统计输出结果如表 3-8所示。可以看出，此时的申请人名称更加统一规范，专利数量统计值也更加准确。

表 3-8 标准申请人清洗统计

标准化申请人	专利数量
LG	237
松下	211
日立	146
东芝	132
三星	102

续表

标准化申请人	专利数量
三菱	91
戴森	58
莱克	53
夏普	34
科沃斯	26

3.3.3 申请人合作关系统计

在有关申请人统计分析方面，还有一类常见的申请人统计分析场景，即对申请人合作关系的统计分析。读者可能已经注意到，在 3.2.2 节中已经出现了申请人数据列中有多个申请人并存，并用“;”分割的情形。针对这种多申请人合作申请的专利，我们有必要进行申请人合作关系的探究。

为使数据分析过程更为简洁，现给出如表 3-9 所示的虚拟的申请人合作关系原始数据，数据源共有 2 个变量，分别为申请人和专利数量。我们将重点放在 R 语言数据处理过程上，力求用简洁的编程语言处理多申请人合作关系，快速得出申请人之间的合作申请数据。

表 3-9　申请人合作关系数据图

申请人	专利数量
美的|莱克	23
三菱|日立|三星	48
松下|日立	87
日立|松下	98
美的|科沃斯	52
松下|三星|日立	36
松下	29
美的	38

续表

申请人	专利数量
博世|西门子	56
西门子|博世	78
夏普|三洋|日立	81
莱克|美的	65
夏普|三洋|日立	29

首先，给出 R 语言处理代码，然后对代码进行解释：

代码3-6　申请人合作关系分析代码

```
library(dplyr)
library(tidyr)
library(openxlsx)
library(splitstackshape)      #字符分隔处理包
appCorp<-function()
{
  s1<-read.xlsx("C:/Users/Documents/申请人合作关系.xlsx",1)
  s2<-cSplit(s1,"申请人",sep="|",direction="wide",fixed=TRUE)
  s2<-gather(s2,key=合作申请人列表,value=合作申请人,-专利数量,
-申请人_1)
  s2<-na.omit(s2)
  s2<-summarise(group_by(s2,申请人_1,合作申请人),合作专利数量=
sum(专利数量))
  s3<-spread(s2,合作申请人,合作专利数量)
  s4<-gather(s3,key="合作申请人",value="合作专利数量",-申请人_1)
  wb<-createWorkbook()   #Creat new  XLSX file
  addWorksheet(wb,"sheet1")
  addWorksheet(wb,"sheet2")
```

```
  addWorksheet(wb," sheet3" )
  writeData(wb," sheet1" ,s2)
  writeData(wb," sheet2" ,s3)
  writeData(wb," sheet3" ,s4)
  saveWorkbook(wb,file=" 申请人合作关系统计 .xlsx" ,overwrite=TRUE)
  openXL(" 申请人合作关系统计 .xlsx" )
}
```

对上述代码解释如下：

首先，载入数据处理需要的函数包，其中前3个数据处理包是经常使用的数据清洗、整理以及EXCEL文件处理数据包，此处不再赘述。值得一提的是，这里还载入了splitstackshape处理包，用来专门处理本节中带有分隔符的申请人变量。

接下来，导入含有合作申请人专利数量的原始数据表，然后采用cSplit函数横向分割(direction=" wide" ,)多个申请人的名称，分隔符为“ | ”。即下列语句：

```
s2<-cSplit(s1," 申请人" ,sep=" |" ,direction=" wide" ,fixed=TRUE)
```

这里并没有采用tidyr数据包中常用的数据分割函数separate，主要原因在于：在合作申请人关系统计中，我们无法预知合作申请人的数量，separate函数需要给出分割后的变量名称，由于无法预先知晓申请人列表中最多的合作申请人数量，该参数无法给出。因此，我们转而使用splitstackshape中的cSplit函数，其将申请人变量按分隔符“ | ”进行自动分割，并将分割后的申请人名称自动命名为“申请人_1” “申请人_2” “申请人_3”…，数据处理效率高。

经分割后的数据格式如表3-10所示：

表 3-10　分割后的数据格式

专利数量	申请人_1	申请人_2	申请人_3
23	美的	莱克	
48	三菱	日立	三星
87	松下	日立	
98	日立	松下	
52	美的	科沃斯	
36	松下	三星	日立
29	松下		
38	美的		
56	博世	西门子	
78	西门子	博世	
81	夏普	三洋	日立
65	莱克	美的	
29	夏普	三洋	日立

对上述数据，进行数据格式的“宽转长”，利用 tidyr 数据包中的 gather 函数，将分割出的申请人列进行聚合，注意，需要保留第一申请人以及专利数量，因此，在 gather 函数中，采用“-专利数量,-申请人_1”表示除专利数量和第一个申请人之外，对分割后的其他列进行聚合。即下列语句：

```
s2<-gather(s2,key=合作申请人列表,value=合作申请人,-专利数量,-申请人_1)
```

由于有的申请人仅为单独申请，并无合作申请人，因此，上述数据中会出现一些空值，我们将此部分数据排除，经过上述处理后，数据格式如表 3-11所示：

表 3-11 聚合处理后的合作申请人列表

专利数量	申请人_1	合作申请人列表	合作申请人
23	美的	申请人_2	莱克
48	三菱	申请人_2	日立
87	松下	申请人_2	日立
98	日立	申请人_2	松下
52	美的	申请人_2	科沃斯
36	松下	申请人_2	三星
56	博世	申请人_2	西门子
78	西门子	申请人_2	博世
81	夏普	申请人_2	三洋
65	莱克	申请人_2	美的
29	夏普	申请人_2	三洋
48	三菱	申请人_3	三星
36	松下	申请人_3	日立
81	夏普	申请人_3	日立
29	夏普	申请人_3	日立

细心的读者可能已经发现，数据中有一些重复的申请人合作关系，如夏普和日立，总共出现了两次合作关系，合作专利数量分别为 81、29。因此，接下来要对重复的行观测值进行汇总统计，调用 dplyr 数据包中的 summarize 函数，按第一申请人和合作申请人进行分组，并对专利数量进行求和统计。即下列语句：

```
s2<-summarise(group_by(s2,申请人_1,合作申请人),合作专利数量=sum(专利数量))
```

得到如表 3-12所示的汇总统计后的申请人合作关系数据列表，该数据格式将可以直接生成申请人合作关系弦图或桑基图等表示申请人合作关系的图表。

表 3-12　聚合统计后的申请人数据

申请人_1	合作申请人	合作专利数量
博世	西门子	56
莱克	美的	65
美的	科沃斯	52
美的	莱克	23
日立	松下	98
三菱	日立	48
三菱	三星	48
松下	日立	123
松下	三星	36
西门子	博世	78
夏普	日立	110
夏普	三洋	110

此外，还可以将上述数据“长转宽”“宽转长”处理，绘制诸如气泡图、热力图等数据可视化图。同样的，可以利用 tidyr 包的 spread 函数，将合作申请人列进行展开，将合作专利数量填充到二维矩阵的交汇点处，得到如表 3-13所示的数据格式。最后，我们新建一个 EXCEL 工作簿，将上述 3 种数据写入到 EXCEL 中（见表 3-14）。读者可基于上述 3 种不同数据格式，采用不同的绘图思路进行后续的数据可视化。

表 3-13　合作申请人宽数据表格式

申请人_1	博世	科沃斯	莱克	美的	日立	三星	三洋	松下	西门子
博世									56
莱克				65					
美的		52	23						
日立								98	
三菱					48	48			

续表

申请人_1	博世	科沃斯	莱克	美的	日立	三星	三洋	松下	西门子
松下					123	36			
西门子	78								
夏普					110		110		

表3-14　合作申请人长数据表格式

申请人_1	合作申请人	合作专利数量
博世	博世	
莱克	博世	
美的	博世	
日立	博世	
三菱	博世	
松下	博世	
西门子	博世	78
夏普	博世	
博世	科沃斯	
莱克	科沃斯	
美的	科沃斯	52
日立	科沃斯	
三菱	科沃斯	
松下	科沃斯	
西门子	科沃斯	
夏普	科沃斯	
博世	莱克	
莱克	莱克	
美的	莱克	23
日立	莱克	
三菱	莱克	
松下	莱克	

3.4　技术主题统计

3.4.1　技术主题分布统计

技术主题分布统计是对专利分析中的标引数据进行汇总统计，例如，通过人工标引对原始数据中每一件专利给出其具体的技术分支属性，常见的技术分支一般可以分到三级或四级。

如表 3-15为专利分析领域中常见的技术标引表，为节省篇幅，将其他数据列进行了隐藏，如何对表格中的各级技术分支进行快速统计？为此，我们设计了 R 语言函数代码，用于实现对上述技术主题分布的快速统计。

表 3-15　技术主题统计原数据

公开号	申请号	申请日	一级分支	二级分支	三级分支	四级分支
CN104783736A	CN201510018861. 7	2015/01/14	超静音吸尘器技术	风道	消音装置	
CN107969988A	CN201710958814. X	2017/10/16	超静音吸尘器技术	风道	形状	路径延长
CN107920704A	CN201680050958. 9	2016/08/31	超静音吸尘器技术	地刷	刷体	刷结构
CN206934050U	CN201720174709. 2	2017/02/24	超静音吸尘器技术	风道	消音装置	
CN107536558A	CN201610492850. 7	2016/06/24	超静音吸尘器技术	地刷	刷体	刷结构
CN107536554A	CN201610566642. 7	2016/06/29	超静音吸尘器技术	电机	本体	结构改进
CN107536562A	CN201710805393. 7	2017/09/08	超静音吸尘器技术	风道	形状	路径延长
CN206852561U	CN201621437269. 7	2016/12/26	超静音吸尘器技术	风道	形状	路径延长
CN107550392A	CN201710904900. 2	2017/09/29	超静音吸尘器技术	电机	本体	结构改进
CN107569181A	CN201610519806. 0	2016/07/04	超静音吸尘器技术	风道	消音装置	

代码 3-7　技术主题分布统计代码

```
library(openxlsx)
library(dplyr)
techStat<-function()
```

```
{
    s1<-read.xlsx("C:/Users/Documents/技术分支源数据.xlsx",1)    tbl_s1<-tbl_df(s1)
    s1<-summarise(group_by(tbl_s1,一级分支,二级分支,三级分支,四级分支),专利数量=n())
    s2<-summarise(group_by(tbl_s1,二级分支),专利数量=n())
    s3<-summarise(group_by(tbl_s1,三级分支),专利数量=n())
    s4<-summarise(group_by(tbl_s1,四级分支),专利数量=n())

    wb<-createWorkbook()   #Creat new   XLSX file
    addWorksheet(wb,"技术主题分布")
    addWorksheet(wb,"二级分支")
    addWorksheet(wb,"三级分支")
    addWorksheet(wb,"四级分支")

    writeData(wb,"技术主题分布",s1)
    writeData(wb,"二级分支",s2)
    writeData(wb,"三级分支",s3)
    writeData(wb,"四级分支",s4)
    saveWorkbook(wb,file="技术主题分布统计.xlsx",overwrite=TRUE)
    openXL("技术主题分布统计.xlsx")
}
```

对上述代码解释如下：

首先，读入标引好的技术分支原始数据，然后调用 dplyr 数据包的 summarize 函数。为了后期数据使用方便，我们总共进行了 4 次统计，分别对一级分支、二级分支、三级分支及四级分支进行汇总统计，并对分组进行计数，得到各分支下的专利数量。然后新建 4 个工作表，将每个汇总统计的数据分别写入对应的工作表下，并输出相应的数据统计表。最终输出的结果如表3-16、表 3-17、表 3-18 所示：

表 3-16　技术分支统计结果

一级分支	二级分支	三级分支	四级分支	专利数量
超静音吸尘器技术	地刷	刷体	刷结构	92
超静音吸尘器技术	电机	本体	结构改进	54
超静音吸尘器技术	电机	本体	速度控制	1
超静音吸尘器技术	电机	电机罩	罩体结构	25
超静音吸尘器技术	电机	减震结构	缓冲结构	10
超静音吸尘器技术	电机	减震结构	悬挂结构	1
超静音吸尘器技术	风道	内壁		1
超静音吸尘器技术	风道	消音装置		97
超静音吸尘器技术	风道	形状	路径延长	20
超静音吸尘器技术	风道	形状	其他	1

表 3-17　二级分支统计结果

二级分支	专利数量
地刷	92
电机	91
风道	119

表 3-18　三级分支统计结果

三级分支	专利数量
本体	55
电机罩	25
减震结构	11
内壁	1
刷体	92
消音装置	97
形状	21

可以看出，计数分支主题分布较为简单，主要涉及利用 dplyr 函数包的 summarize 函数进行分组汇总统计。

3.4.2 技术主题占比统计

在实际专利分析应用场景中，还会需要对技术分支的占比进行统计。例如，需要对二级技术分支下的各个技术主题计算其在整个专利数量中的百分比，对此，设计如下代码段：

代码3-8 技术主题占比统计代码

```
techPercent<-function()
{
  s1<-read.xlsx(" C:/Users/Documents/2018.xlsx" ,1)
  tbl_s1<-tbl_df(s1)
  s2<-summarise(group_by(tbl_s1,二级分支),专利数量=n())
  s2<-mutate(s2,百分比=round(100 * 专利数量/sum(专利数量),digits=1))
  wb<-createWorkbook()   #Creat new  XLSX file
  saveWorkbook(wb,file=" 技术分支占比统计 .xlsx" ,overwrite=TRUE)
  write.xlsx(x=s2,file=" 技术分支占比统计 .xlsx" ,
sheetName=" sheet1" ,overwrite=TRUE)
  openXL(" 技术分支占比统计 .xlsx" )
}
```

对代码解释如下：

首先，读入标引好的技术分支原始数据，然后调用 dplyr 数据包的 summarize 函数，对二级分支进行汇总统计，得出该分支下各个技术主题的专利数量。然后，调用 mutate 函数，直接对汇总统计后的数据进行计算，并新增一列，名为“百分比”，即下列语句：

```
s2<-mutate(s2,百分比=round(100 * 专利数量/sum(专利数量),digits=1))
```

为了后期显示方便，用 round 函数对小数点位数进行设置，仅显示一位小数。最后将汇总统计后的数据输出到 EXCEL 表格。数据格式如表 3-19所示。

表 3-19　技术分支占比统计

二级分支	专利数量	百分比
地刷	92	30.5
电机	91	30.1
风道	119	39.4

3.5　同族数据统计

同族数据分析是专利分析中的一项重要环节，其主要体现专利申请在全球的布局情况。因此，同族数据是专利分析人员需要重点考虑和分析的数据。但目前主要专利数据库中导出的同族数据均是将同族公开号用分隔符分隔，并放在一个单元格内，无法直接进行数据统计。因此，需要将同族数据进行一些前期的处理才可以供后续分析时使用。本节将从数据结构角度出发，对同族数据给出两种处理模式：拆分为多列和拆分为多行。下面分别进行介绍。

3.5.1　同族数据拆分为多列

以表 3-20所示典型的含有同族数据列的数据源为例进行同族数据处理介绍。通过观察，发现同族列具有多个同族公开号，其相互之间用“|”分隔符进行分割。此外，还发现，有的数据行中同族数据为空。从专利分析角度来看，假定当同族列为空时，默认该件申请的同族为其本身。因此，基于上述两点分析，首先对该形式的同族数据进行按列拆分为多列。

首先给出 R 语言处理代码，随后对代码进行解释。

表3-20 含同族的原始数据表

序号	公开号	申请号	国家	优先权日	申请日	同族	同族数	同族国家/地区数
1	CN100341632C	CN200510009103.5	CN	2004-2-3	2005-2-3	US7540722 | US20050169782 | JP4453378B2 | DE102005004757A1 | CN1650688 | DE102005004757B4 | JP2005220751	7	4
2	CN100342815C	CN031097006	CN	2003-4-11	2003-4-11	CN1535644	1	1
3	CN100381093C	CN200510106474.5	CN	2004-12-30	2005-9-26	US7657967 | EP1676513 | KR100638205 | KR1020060077393 | US20060143854 | CN1795802	6	4
4	CN100390424C	CN200510003828.3	CN	2004-1-20	2005-1-12	CN1644932 | CN2791321 | JP2005207235	3	2
5	CN100425191C	CN200610081176.X	CN	2006-5-24	2006-5-24	CN1864616	1	1
6	CN100463641C	CN200710067048.4	CN	2007-2-1	2007-2-1	CN101011227	1	1
7	CN100466957C	CN200410062819.7	CN	2003-12-31	2004-6-25	KR100555205 | KR1020050069221 | US20050138755 | DE102004035238A1 | CN1636487 | AU2004202983A1 | AU2004202983B2 | FR2864437A1 | FR2864437B1 | GB2409635A | GB2409635B | SE0401759L | SE527063C2 | GB0416324D0 | SE0401759A | SE0401759D0	16	8
8	CN100502755C	CN200510020841.X	CN	2005-4-29	2005-4-29	CN1833596	1	1
9	CN100530901C	CN031200435	CN	2002-2-7	2003-2-7	US6851928 | EP1334684 | US20030147747 | EP1334684B1 | JP4366092B2 | CN1437300 | EP1334684A3 | AT311804T | BR0300288A | DE60302589T2 | ES2252620T3 | JP2003284657 | DE60302589D1 | GB0202835D0	14	9
10	CN100536744C	CN200710079298.X	CN	2007-2-16	2007-2-16	CN101243960	1	1
11	CN100555148C	CN200610169034.9	CN	2006-12-12	2006-12-12	CN101201632	1	1
12	CN100573387C	CN200710168718.1	CN	2007-12-10	2007-12-10	CN101201626	1	1
13	CN101008855	CN200610002730.0	CN		2006-1-25		0	0
14	CN101011227	CN200710067048.4	CN	2007-2-1	2007-2-1	CN100463641C	1	1
15	CN101030084	CN200610051455.1	CN		2006-2-28		0	0
16	CN101051772	CN200710086873.9	CN	2006-4-5	2007-3-21	EP1842473 | US20070243087 | RU2007112578A | EP1842473A3 | AU2007200836A1 | GB2436787A | GB0606838D0	7	6
17	CN101084819	CN200610014166.4	CN	2006-6-8	2006-6-8	CN101084819B	1	1
18	CN1011190B	CN881085847	CN	1987-12-15	1988-12-15	US34286 | US4958406 | EP0320878 | EP0601999 | EP0320878B1 | JP2789192B2 | CN1034853 | JPH01155822A | EP0320878A3 | DE3853409T2 | KR930008373B1 | DE3853409D1 | JP1155822A	13	7
19	CN101132868	CN200580002296.X	CN		2005-7-7		0	0

代码 3-9　同族数据拆分为多列代码

```
library(openxlsx)
library(tidyr)
library(dplyr)
library(splitstackshape)
t1<-read.xlsx("D:/R/电机技术.xlsx",1,detectDates=TRUE)
y<-nrow(t1)
for (i in 1:y)
{
  if(is.na(t1[i,c("同族")]))
          t1[i,c("同族")]<-t1[i,c("公开号")]
}
tongZusplit<-cSplit(t1,"同族",sep="|",direction="wide",fixed=
TRUE)
wb<-createWorkbook()   #Creat new  XLSX file
saveWorkbook(wb,file="测试同族拆分统计.xlsx",overwrite=TRUE)
write.xlsx(x=tongZusplit,file= "测试同族拆分统计.xlsx",
sheetName="sheet1",overwrite=TRUE)
openXL("测试同族拆分统计.xlsx")
}
```

对上述代码解释如下：

首先，载入数据处理所需要的函数包 openxlsx、tidyr、dplyr、splitstackshape，其中 splitstackshape 包是数据分割重组的利器，其中的 cSplit 函数可以将单元格中以特殊字符合并的字符串进行分割，分割后增加行或列。

然后，读取待处理的含同族的原始数据表，并保存为 t1。接下来，通过判断同族列是否为空值，从而将公开号赋值给同族。当一件申请没有同族时，其本身即为其同族。上述代码中的 for 循环即可完成上述功能。

下一步，调用 cSplit 函数，将同族数据按分隔符“ | ”进行拆分，并且按照横向自动将分割的数据添加为新的列。即 tongZusplit<-cSplit(t1,"同族",sep="|",direction="wide",fixed=TRUE)。

最后，我们将分割后的数据保存为 EXCEL 文件，并输出为外部文件，部分分割后的数据截图如表3-21所示。

表3-21　横向分割同族数据表

公开号	申请号	国家	同族_001	同族_002	同族_003	同族_004	同族_005	同族_006	同族_007	同族_008	同族_009	同族_010
CN100341632C	CN200510009103.5	CN	US7540722	US20050169782	TWI269633	TW200536470	JP4453378B2	DE102005004757A1	CN1650688	DE102005004757B4	JP2005220751	
CN100342815C	CN031097006	CN	CN1535644									
CN100381093C	CN200510106474.5	CN	US7657967	EP1676513	KR100638205	KR1020060077393	US20060143854	CN1795802				
CN100390424C	CN200510003828.3	CN	CN1644932	CN2791321	HK1075690A1	JP2005207235						
CN100425191C	CN200610081176.X	CN	CN1864616									
CN100463641C	CN200710067048.4	CN	CN101011227									
CN100466957C	CN200410062819.7	CN	KR100555205	KR1020050069221	US20050138755	DE102004035238A1	CN1636487	AU2004202983A1	AU2004202983B2	FR2864437A1	FR2864437B1	GB2409635A
CN100502755C	CN200510020841.X	CN	CN1833596									
CN100530901C	CN031200435	CN	US6851928	EP1334684	US20030147747	EP1334684B1	JP4366092B2	CN1437300	EP1334684A3	AT311804T	BR0300288A	DE60302589T2

从上述代码的处理思路可以看出，将同族数据横向分割还是比较容易的，即使事先无法获取同族的最大列数，但得益于 splitstackshape 包中 cSplit 函数的应用，无需事先给出应分割的列数。因此，可以很容易地实现同族数据的按列分割。

3.5.2　同族数据拆分为多行

上一节中给出了同族数据拆分为多列的情形，本节，将给出如何将同族数据拆分为多行，其要求是实现非同族数据列自动跟随拆分的行进行复制扩展。

首先给出 R 语言代码，随后对代码进行解释。

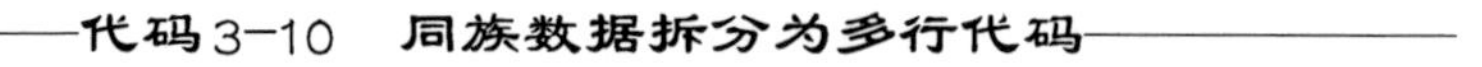

代码3-10　同族数据拆分为多行代码

```
library(openxlsx)
library(tidyr)
library(dplyr)
library(stringr)
t1<-read.xlsx(" C:/R/电机技术.xlsx",1,detectDates=TRUE)
```

```
y<-nrow(t1)
for (i in 1:y)
{
  if(is.na(t1[i,c("同族")]))
    t1[i,c("同族")]<-t1[i,c("公开号")]
}
t2<-separate_rows(t1,同族,sep="\\|")

t2$同族<-str_sub(t2$同族,1,2)      #取同族公开号前面国别
tbl_t2<-tbl_df(t2)        #建立 tbl_df 对象,调用 dplyr 数据处理函数
t_stat<-summarise(group_by(tbl_t2,国家,同族),数量=n())

t_stat<-arrange(t_stat,-数量)
t_spread<-filter(t_stat,数量>80)
t_spread<-filter(t_spread,国家=="CN"|国家=="US"|国家=="EP"|
国家=="JP"|国家=="KR")
t_spread<-spread(t_spread,同族,数量)
wb<-createWorkbook()
addWorksheet(wb,"sheet1")
addWorksheet(wb,"sheet2")
writeData(wb,"sheet1",t_spread)
writeData(wb,"sheet2",t_stat)

saveWorkbook(wb,file="同族拆分统计_2.xlsx",overwrite=TRUE)
openXL("同族拆分统计_2.xlsx")
```

对上述代码进行解释：

首先，需要载入相应的数据处理包，分别为 openxlsx，tidyr，dplyr 和

stringr。有关上述各包的数据处理功能，在第 2 章中已经作过简要介绍，读者可参阅第 2 章中相关章节，了解上述数据处理包的功能。

接下来，要先导入待处理的原始数据，然后判断同族列是否为空。如果为空，则将公开号赋值给同族列，实现对同族列空值的处理，即上述 for 循环段代码所实现的功能。

然后，调用 stringr 包中的 separate_rows 函数实现同族数据按行进行拆分，即上述代码中的语句 t2<-separate_rows(t1,同族,sep="\\|")。至此，即完成同族数据的按行拆分。

接下来对上述数据作进一步处理，以期得到更多的组合数据。首先提取拆分后的同族国别信息，即语句 t2$同族<-str_sub(t2$同族,1,2)。然后，对国家和同族列进行分组，并统计每组的数量，即为技术来源国输出国统计，为使数据更为规范整洁，对分组数量进行降序排列。即语句 t_stat<-summarise(group_by(tbl_t2,国家,同族),数量=n())，t_stat<-arrange(t_stat,-数量)。

更进一步的，想得到技术来源国输出国的二维横向展开后的数据，便于后续数据可视化，可以对数据进行进一步的处理。

```
t_spread<-filter(t_stat,数量>80)
t_spread<-filter(t_spread,国家=="CN"|国家=="US"|国家=="EP"|国家=="JP"|国家=="KR")
t_spread<-spread(t_spread,同族,数量)
```

利用上述语句，对数据进行筛选，即筛选同族数量大于 80 件，且申请来源国分别为 CN，US，EP，JP，KR 的五局数据，然后将筛选后的数据进行展开。

最后，将 t_stat，t_spread 分别输出到 EXCEL 表格的两个 sheet 中。

数据统计结果如表 3-22 和表 3-23 所示，其中，表 3-22 为 t_spread 的统计结果，表 3-23 为 t_stat 的统计结果。

表 3-22　同族按行拆分数据扩展

国家	CA	CN	DE	EP	JP	KR	RU	US
CN		580		116	96			91
EP		172	117	309	156	119		180
JP		90			781			
KR	91	117		121	122	306	97	130
US	99	145	106	204	178	126		297

表 3-23　同族按行拆分汇总统计

国家	同族	数量
JP	JP	781
CN	CN	580
EP	EP	309
KR	KR	306
US	US	297
US	EP	204
EP	US	180
US	JP	178
EP	CN	172
EP	JP	156
US	CN	145
KR	US	130
US	KR	126
KR	JP	122
KR	EP	121
EP	KR	119
EP	DE	117
KR	CN	117
CN	EP	116

3.6 多维数据联合统计

本节将在前4节的基础上，给出专利分析中几种常见多维数据统计的情形，并设计相应的数据处理代码。由于专利分析数据处理场景较多，限于篇幅，本书不能一一列举，读者可以在掌握前4节的基础上，结合本节给出的范例举一反三，编写实际数据处理任务所需的代码。本节多维数据联合统计，一般指3个及以上变量的联合统计，下文将结合实际专利分析应用场景，给出常用的几种多维数据联合统计范例。

3.6.1 三维数据的联合统计

专利数量随年份的变化趋势一般用于反应该项技术在一定时期内的发展趋势，此外，为进一步观察专利数量的增减与申请人活跃数之间的内在关系，还需要得出该年份下的申请人活跃数，即申请人的非重复计数。因此，需要统计三个变量之间的关系：申请年份—专利数量—申请人活跃数。为此，用R语言编写数据处理函数来实现上述数据统计任务。

首先，载入数据处理需要的函数包：library(lubridate)，library(openxlsx)，library(dplyr)。

接下来，编写如下数据处理函数，函数名为yearappNum，由于涉及对申请人的统计，因此，需要考虑对申请人进行标准化清洗，以下代码中包括了对申请人标准化清洗部分功能。

代码3-11　三维数据联合统计代码

```
yearappNum<-function()
{
y1<-read.xlsx(" C:/Users/Documents/电机技术 .xlsx",1,detectDates =
TRUE)
y2<-read.xlsx(" C:/Users/Documents/申请人清洗表备份 .xlsx",1,detect-
```

```
Dates=TRUE)
    y<-nrow(y1)
    for (i in 1:y)
    {
      if(is.na(y1[i,c("优先权日")]))
        y1[i,c("优先权日")]<- y1[i,c("申请日")]
    }
  y1[,c("优先权日")]<-sapply(y1[,c("优先权日")],year)

    y<-nrow(y2)
    for (i in 1:y)
    {
      if(is.na(y2[i,c("标准化申请人")]))
        y2[i,c("标准化申请人")]<- y2[i,c("申请人")]
    }
    df1<-inner_join(y1,y2,by="申请人")
    yearappNum<-summarise(group_by(df1,"年份"=优先权日),专利数
量=n(),申请人活跃数=n_distinct(标准化申请人))

    wb<-createWorkbook()   #Creat new  XLSX file
    saveWorkbook(wb,file="yearAppnum.xlsx",overwrite=T)
    write.xlsx(x=yearappNum,file="yearappNum.xlsx")
    openXL("yearappNum.xlsx")
  }
```

对上述代码解释如下：

首先，导入原始数据，该数据包括公开号、申请号、申请人、优先权日、申请日等基本数据列，然后导入分析人员给出的标准化申请人清洗表。注意，

在利用 read.xlsx 函数读取上述表格时，添加参数 detectDates = TRUE，使 RStudio 读取的时间数据格式正确。

然后，提取表3-24中的申请年份（如果有优先权的，以优先权计算），对表3-25进行标准申请人清洗（该部分详细代码参见第5.2.2节）。处理完以后，将上述两张表进行合并，即语句 df1<-inner_join(y1,y2,by="申请人")。

表3-24 原始数据表

公开号	申请号	申请人	优先权日	申请日
CN100341632C	CN200510009103.5	日立工机株式会社	2004/2/3	2005/2/3
CN100342815C	CN031097006	乐金电子（天津）电器有限公司	2003/4/11	2003/4/11
CN100381093C	CN200510106474.5	LG	2004/12/30	2005/9/26
CN100390424C	CN200510003828.3	松下电器产业株式会社	2004/1/20	2005/1/12
CN100425191C	CN200610081176.X	宁波富达电器有限公司	2006/5/24	2006/5/24
CN100463641C	CN200710067048.4	伍尚强	2007/2/1	2007/2/1
CN100466957C	CN200410062819.7	三星光州电子株式会社	2003/12/31	2004/6/25
CN100502755C	CN200510020841.X	杜爵伟	2005/4/29	2005/4/29
CN100530901C	CN031200435	德昌电机股份有限公司	2002/2/7	2003/2/7
CN100536744C	CN200710079298.X	金马达制造厂有限公司	2007/2/16	2007/2/16
CN100555148C	CN200610169034.9	英业达股份有限公司	2006/12/12	2006/12/12
CN100573387C	CN200710168718.1	华中科技大学	2007/12/10	2007/12/10
CN101008855	CN200610002730.0	英业达股份有限公司		2006/1/25
CN101011227	CN200710067048.4	伍尚强	2007/2/1	2007/2/1
CN101030084	CN200610051455.1	力山工业股份有限公司		2006/2/28
CN101051772	CN200710086873.9	瓦克瑟有限公司	2006/4/5	2007/3/21
CN101084819	CN200610014166.4	乐金电子（天津）电器有限公司	2006/6/8	2006/6/8
CN1011190B	CN881085847	日立	1987/12/15	1988/12/15

表3-25　标准申请人清洗表

申请人	标准化申请人
LG	LG
松下	松下
日立	日立
三星电子	三星
东芝	东芝
MATSUSHITA ELECTRIC IND CO LTD	松下
戴森技术有限公司	戴森
莱克电气股份有限公司	莱克
夏普	夏普
乐金电子（天津）电器有限公司	LG
PANASONIC CORP	松下
伊莱克斯	伊莱克斯
TOSHIBA CORP；TOSHIBA CONSUMER ELECT HOLDING；TOSHIBA HOME APPLIANCES CORP	东芝
TOSHIBA TEC CORP	东芝
三菱	三菱
LG ELECTRONICS INC	LG
HITACHI APPLIANCES INC	日立
HITACHI LTD	日立
莱克	莱克
LG ELECTRONICS INC；LG Electronics Inc	LG
江苏美的清洁电器股份有限公司	美的

inner_join 函数以“申请人”列作为查询参考，将两张数据表合并。针对合并后的数据表 df1，调用 summarize 函数，以年份进行分组，在数据统计项，对每个分组的个数进行计数［n()函数］以及标准化申请人变量的非重复计数［n_distinct(标准化申请人)］，并对汇总统计的两列进行变量重命名为专利数量以及申请人活跃数。即语句 yearappNum<-summarise(group_by(df1,"年

份" = 优先权日),专利数量 = n( ),申请人活跃数 = n_distinct(标准化申请人))。

最后将统计好的数据写入 EXCEL 文件并打开。数据处理结果如表 3-26所示（部分数据）。可以看出，通过 summarize 函数，可以轻松地实现三维变量的联合统计，这也充分体现了 R 语言在数据处理领域的高效、简洁。

表 3-26　三维变量的联合统计结果

年份	专利数量	申请人活跃数
1987	22	13
1988	10	9
1989	25	17
1990	23	13
1991	40	20
1992	45	19
1993	54	25
1994	32	22
1995	56	25
1996	58	36
1997	64	24
1998	87	35
1999	94	37
2000	72	20
2001	87	32
2002	139	28
2003	79	23
2004	99	28
2005	112	30
2006	94	49
2007	104	46

3.6.2　四维数据的联合统计

上一节中给出了年份—专利数量—申请人活跃数统计函数，用于快速实现 3 个变量的数据统计。但在实际专利分析场景中，还需要对某一技术分支进行微观分析，因此，此时需要在上述 3 个变量的基础上，再增加一维数据，即人工标引好的技术分支。本节将研究针对四维分析变量的 R 语言数据统计方法。

事实上，针对四维数据的统计，其方法与上一节中三维数据统计方法基本相同，不同的地方在于，当调用 dplyr 包中的 summarize 函数进行数据分组时，需要增加一个分组变量。例如，需要同时统计年份—技术分支—专利数量—申请人活跃数这 4 个变量时，其他部分代码与上一节中代码相同，不同的地方在于 summarize 函数部分参数的设置：yearappNum<-summarise(group_by(df1,"年份" = 优先权日,二级分支),专利数量 = n(),申请人活跃数 = n_distinct(标准化申请人))。

通过在 summarize 函数中增加不同的数据分组依据，从而实现多个变量的统计。此处不再给出详细代码，读者可参考上一节的代码，修改 summarize 函数的参数进行四维变量的统计分析。最终的统计数据结构如表 3-27所示。

表 3-27　四维数据统计结果

年份	二级分支	专利数量	申请人活跃数
2008	电机	2	1
2011	电机	1	1
2012	电机	1	1
2012	风道	1	1
2015	电机	3	1
2016	地刷	1	1
2016	电机	2	1
2016	风道	3	3
2017	地刷	8	3

续表

年份	二级分支	专利数量	申请人活跃数
2017	电机	13	7
2017	风道	35	9
2018	地刷	4	4
2018	电机	4	3
2018	风道	8	4

3.7 小结

本节重点从专利分析的几个主要应用场景出发，从 R 语言数据包函数的应用入手，对专利分析的几个常见分析场景进行归纳总结，提炼出共性问题，并给出相应的 R 语言处理代码。主要为针对申请年份的统计、申请人的统计、技术主题的统计、同族数据的处理以及在最后给出了利用 summarize 函数实现多维度数据统计的范例。

本章中，大量使用 R 语言数据包进行数据处理，如利用 openxlsx 包实现 EXCEL 数据的导入和导出，利用 tidyr 包实现数据的宽转长以及长转宽，利用 dplyr 包实现数据筛选、组合、分组、统计等，利用 stringr 实现数据拆分和提取等。这些函数包都是数据处理中经常使用的函数，读者应学懂弄通，并在此基础上，学会迁移运用，从而掌握更为高效、简洁的专利分析数据处理技能。

第4章　专利数据可视化

4.1 本章概述

本书第3章重点介绍了R语言数据处理在专利分析领域的应用，读者在掌握前两章知识的基础上可以自由应对专利分析工作中常见的数据处理任务。可以说，完成数据处理工作，就已经完成了专利分析工作的一大半。接下来，分析人员需要思考的是，如何将整理好的数据通过丰富而简洁的图表进行可视化呈现。

本章将在前面两章的基础上，重点介绍专利数据可视化方法。我们知道，良好的图形表达为读者与信息之间搭建了一条直观而生动的桥梁。因此，有必要改变传统的依赖EXCEL的制图方法，从单调静态的图表，向动态可交互的图表转变，从烦琐的图形属性设置向简单可移植的代码化制图转变。幸运的是，R语言为我们提供了解决上述问题的途径。

针对专利分析领域的特点，选择R语言的几种主流制图函数包进行制图，本章将主要介绍以下几个绘图工具包：ggplot2包、Highcharter包、Dygraphs包、Circlelize包、Maptools包、Remap包。每种制图包都有其自身的特点和可以应用的范畴，读者在具体应用时，可以结合实际的专利分析场景，选择合适的数据可视化方案进行图表呈现，从而选择相应的制图函数包进行制图。

本章知识如下：

- ggplot2包制图
- Highcharter包制图
- Dygraphs包绘制交互式时序图

- Circlelize 包制图
- 专利地图的绘制
- NetworkD3 包制图

读者在学完本章知识之后，可以利用第 3 章数据处理后得到的数据表进行实践，掌握数据可视化的思维方法，从而快速完成数据可视化任务，制作可定制化的、高质量的数据分析图表，为后续数据分析与挖掘打下坚实的基础。

4.2 利用 ggplot2 包制图

ggplot2 包是一个绘制统计图像的 R 软件包，与其他图形软件包不同之处在于，ggplot2 包是通过一套图形语法所支持的，一幅图形由一系列独立的图形部件组成，并能以许多不同的方式组合起来，这一点使得 ggplot2 包的功能非常强大。我们可以从原始图层开始，然后不断添加图形注释和统计汇总结果，这种绘图方式与分析问题中的结构化思维是一致的，它能缩短你“所思”与“所见”的距离，快速绘制高质量的图形。由于 ggplot2 包功能非常强大，其可以绘制很多图表，我们选取了专利分析中使用较多的一些图形进行举例演示，本节将利用 ggplot2 包绘制专利分析中常用的基本图表。

4.2.1 柱形（条形）图

1. 多序列柱形图

多序列柱形图常用来反映三维变量之间的对比关系，以专利分析领域中常见的国别—技术分支—专利数量为例绘制多序列柱形图，作为代表，我们选择的国别为五大局（CN、US、EP、JP、KR）。

首先，导入整理好的国别—技术分支—专利数量原始数据（见表 4-1），假设该数据框在 RStudio 中的名称为 t1。

表 4-1 国别技术分支专利数量

国家	三级分支	专利数量
CN	本体	257
CN	电机罩	169
CN	减震结构	189
EP	本体	97
EP	电机罩	48
EP	减震结构	76
JP	本体	341
JP	电机罩	149
JP	减震结构	276
KR	本体	102
KR	电机罩	78
KR	减震结构	91
US	本体	78
US	电机罩	37
US	减震结构	107

然后，采用 ggplot2 图层语法绘制并列簇状柱形图（见图 4-1），代码如下：

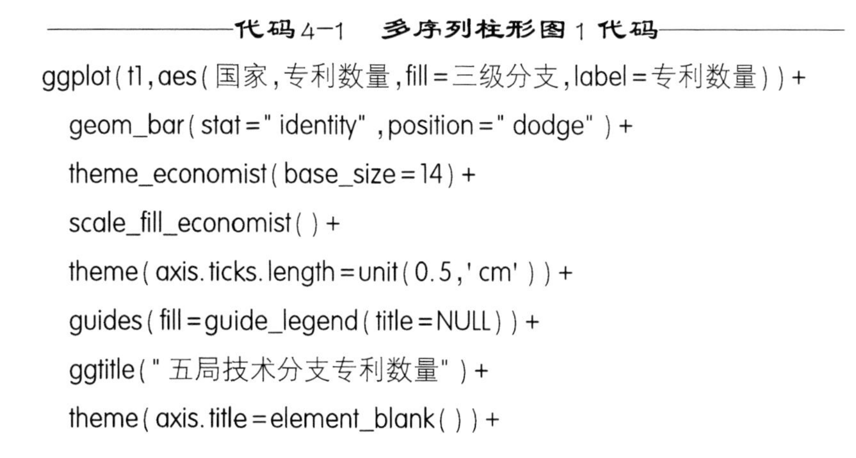

代码 4-1 多序列柱形图 1 代码

```
ggplot(t1,aes(国家,专利数量,fill=三级分支,label=专利数量))+
  geom_bar(stat=" identity" ,position=" dodge" )+
  theme_economist(base_size=14)+
  scale_fill_economist()+
  theme(axis.ticks.length=unit(0.5,' cm' ))+
  guides(fill=guide_legend(title=NULL))+
  ggtitle(" 五局技术分支专利数量" )+
  theme(axis.title=element_blank())+
```

```
    geom_text(aes(y=专利数量),position=position_dodge(0.9),vjust=-
1)+
    theme(plot.title=element_text(hjust=0.5))
```

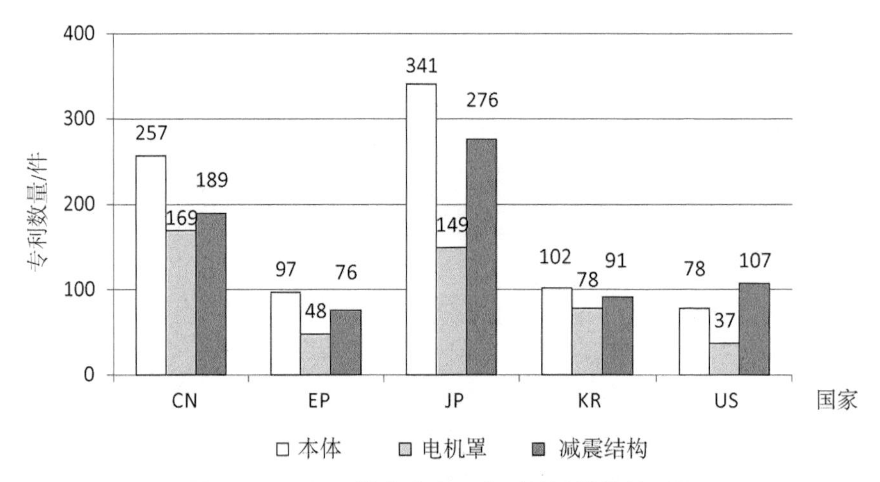

图 4-1　五局—技术分支—专利数量簇状柱形图

对上述制图代码，解释如下：首先，调用 ggplot 函数，对图形属性进行映射，将横轴设置为国家变量，纵轴设置为专利数量，用技术分支填充条形分类，数据标签设置为显示专利数量；geom_bar 设置图形为条形图，并列方式排布，选择图形配色主题为经济学人类型，并对坐标轴标签、图例、图表标题进行基本的设置。

也可以将“国家”变量按列展开，进行横向分面设置，在代码中添加下列语句 facet_grid（. ~国家）（见图 4-2）。代码如下：

代码 4-2　多序列柱形图 2 代码

```
ggplot(t1,aes(三级分支,专利数量,fill=国家,label=专利数量))+
  geom_bar(stat=" identity" ,position=" dodge" )+
  theme_economist(base_size=14)+
```

```
scale_fill_economist( ) +
theme( axis. ticks. length = unit( 0.5 ,' cm' ) ) +
guides( fill = guide_legend( title = NULL) ) +
ggtitle( " 五局技术分支专利数量" ) +
theme( plot. title = element_text( hjust = 0.5 ) )  +
theme( axis. title = element_blank( ) ,legend. position = ' none' ) +
geom_text( aes( y = 专利数量) ,position = position_dodge( 0.9) ,vjust = -0.5) +
facet_grid( . ~ 国家)
```

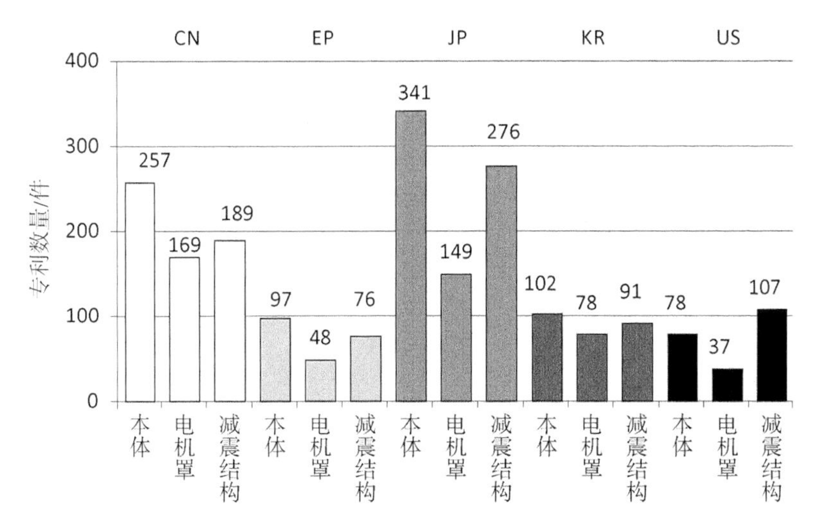

图 4-2　五局—技术分支—专利数量簇状柱形图（横向）

或者将国家变量按行展开，实现纵向分面设置（见图 4-3），在代码中添加下列语句：facet_grid（国家~.）制图代码如下：

代码 4-3　多序列柱形图 3 代码

```
ggplot( t1, aes( 三级分支, 专利数量, fill = 国家, label = 专利数量) ) +
  geom_bar( stat = " identity" , position = " dodge" ) +
  theme_economist( base_size = 14) +
```

```
scale_fill_economist( ) +
theme( axis. ticks. length=unit( 0.5,' cm' ) ) +
guides( fill=guide_legend( title=NULL) ) +
ggtitle(" 五局技术分支专利数量" ) +
theme( plot. title=element_text( hjust=0.5) ) +
theme( axis. title=element_blank( ) ,legend. position=' none' ) +
geom_text( aes( y=专利数量) ,position=position_dodge( 0.9) ,vjust=-0.5) +
facet_grid( 国家 ~. )
```

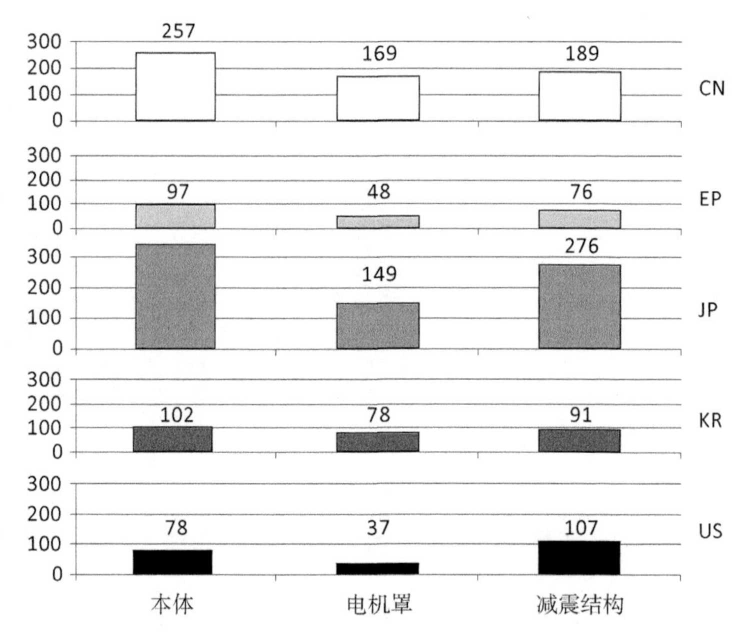

图4-3　五局—技术分支—专利数量分柱状图

2. 多序列条形图

同样的，针对上一小节中的柱形图，我们还可以绘制多序列条形图，其关键在于将坐标轴横置，即添加语句 coord_flip( ) （见图 4-4）。

绘图代码如下：本次我们选择另一种配色主题 theme_hc( )，以示区别。

代码 4-4　多序列条形图 1 代码

```
ggplot(t1,aes(国家,专利数量,fill=三级分支,label=专利数量))+
  geom_bar(stat=" identity" ,position=" dodge" )+
  theme_hc()+
  scale_fill_hc()+
  theme(axis.ticks.length=unit(0.5,' cm'))+
  guides(fill=guide_legend(title=NULL))+
  ggtitle(" 五局技术分支专利数量" )+
  theme(axis.title=element_blank())+
  geom_text(aes(y=专利数量),position=position_dodge(0.9),hjust=-0.5)+
  theme(plot.title=element_text(hjust=0.5,size=15))+
  coord_flip()
```

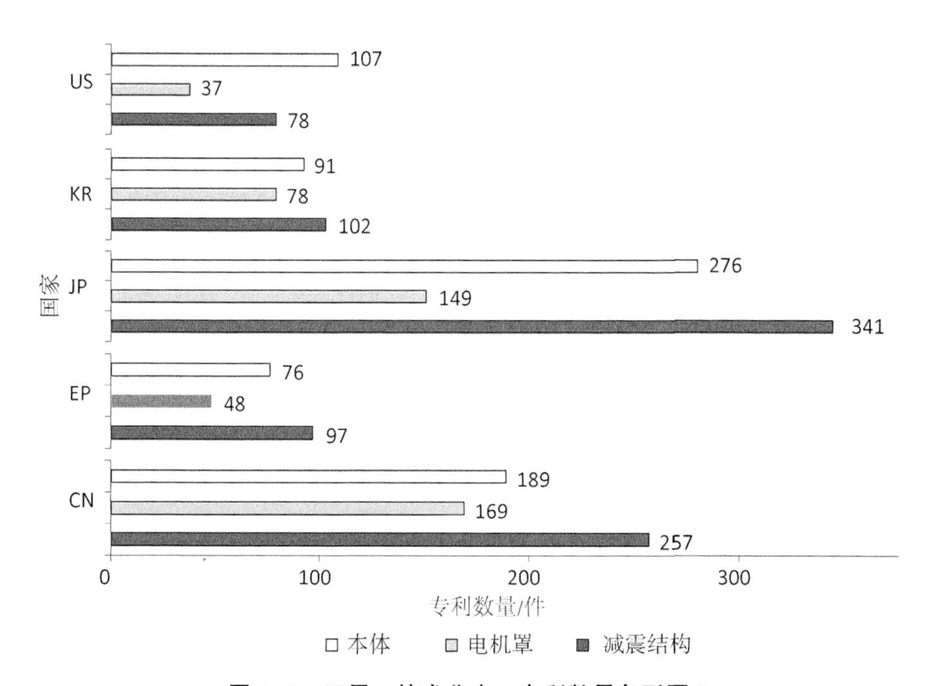

图 4-4　五局—技术分支—专利数量条形图 1

同样的，也可以设置分面来显示不同组别的数据，在上述代码最后，添加 facet_grid（三级分支~.），即可实现将技术分支按行展开显示，如图 4-5 所示。

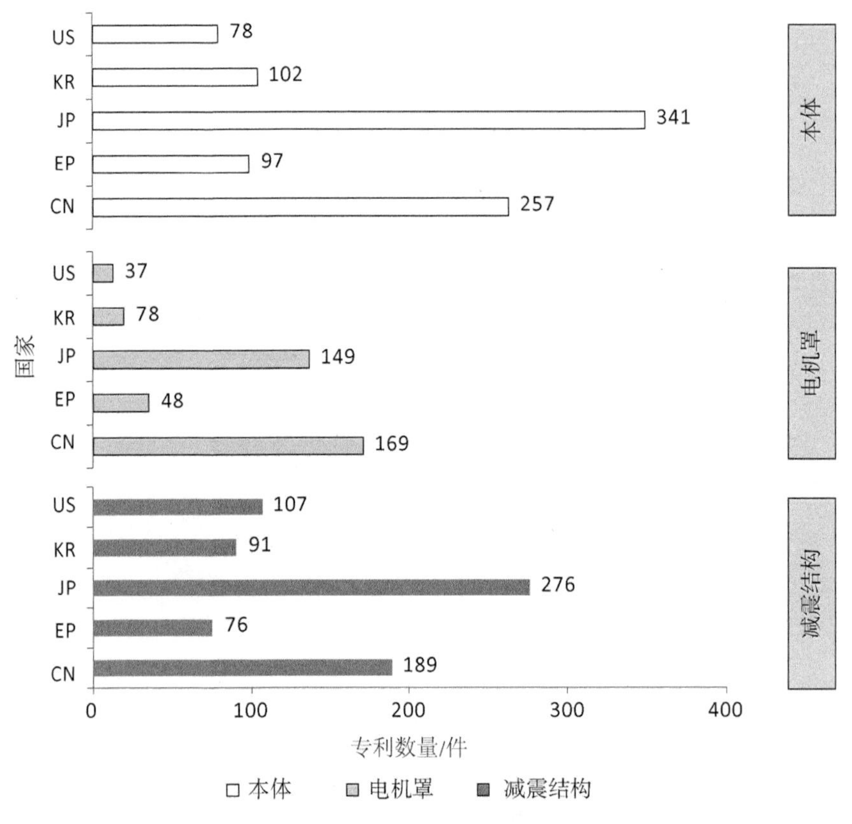

图 4-5　五局—技术分支—专利数量条形图 2

或者将坐标轴映射调整为 aes（三级分支，专利数量，fill = 国家，label = 专利数量)，将分面设置调整为 facet_grid（国家~.），将国家按行展开显示，如图 4-6 所示。

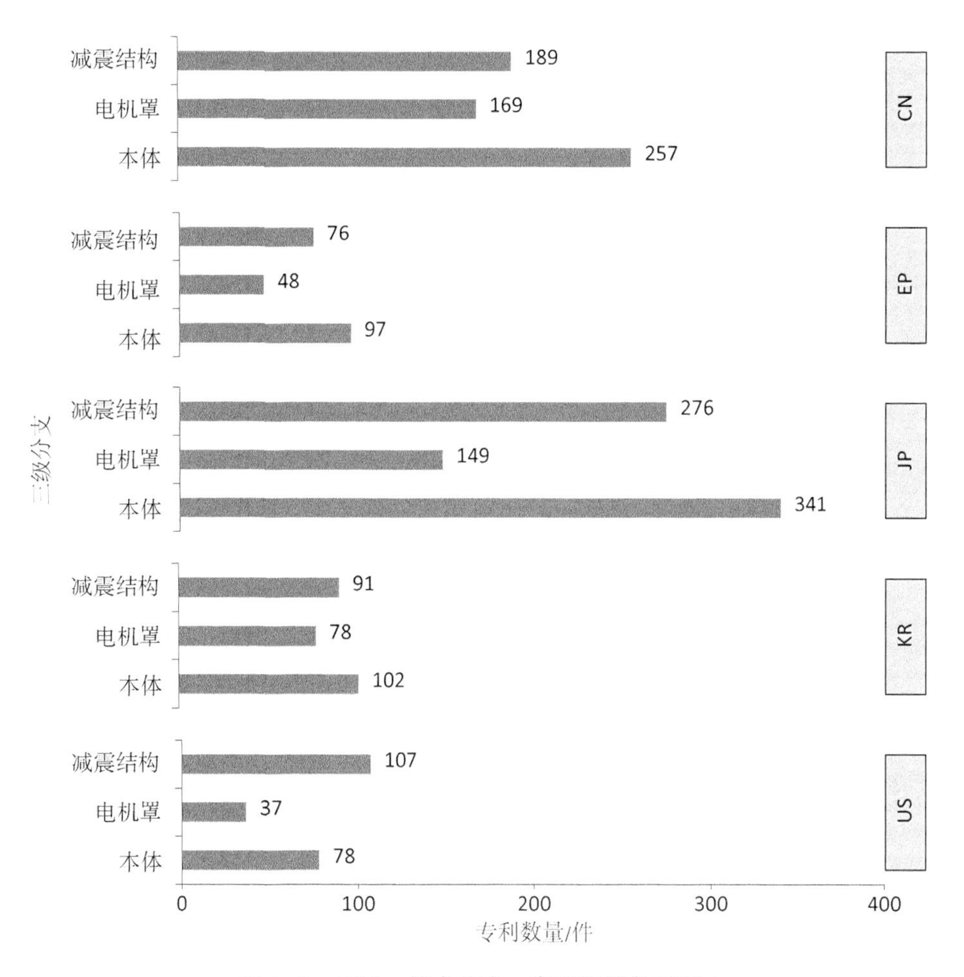

图 4-6　五局—技术分支—专利数量条形图 3

3. 对称条形图

上面两节中条形图和柱形图均在一个方向进行显示，本节，将展示在两个对称方向绘制条形的方法，即两组数据的同一变量的对比条形图，专利分析中常用来对两个申请人进行对比分析。例如，针对某一技术主题，可以绘制两个申请人的申请量对比数据，采用对称条形图展示。

下面，首先给出对称条形图的制图方法：

代码4-5　对称条形图代码

```
library(" ggplot2" )
library(" dplyr" )
library(" grid" )
library(openxlsx)
mydata2<-read.xlsx(" F:\\R\\技术主题分布统计.xlsx" ,4)
p1<-ggplot(mydata2)+
  geom_hline(yintercept=mean(mydata2$美的),linetype=2,size=.25,
colour=" grey" )+
  geom_bar(aes(x=id,y=美的),stat=" identity" ,fill=" #E2BB1E" ,colour=
NA)+
  ylim(-5.5,100)+
  scale_x_reverse()+
  geom_text(aes(x=id,y=-5.5,label=技术分支),vjust=.5)+
  geom_text(aes(x=id,y=美的+1.0,label=美的),size=4.5,fontface
=" bold" )+
  coord_flip()+
  theme_void()
p2<-ggplot(mydata2)+
  geom_hline(yintercept=-mean(mydata2$莱克),linetype=2,size=.25,
colour=" grey" )+
  geom_bar(aes(x=id,y=-莱克),stat=" identity" ,fill=" #C44E4C" ,
colour=NA)+
  ylim(-100,0)+
  scale_x_reverse()+
  geom_text(aes(x=id,y=-莱克-1.75,label=莱克),size=4.5,
fontface=" bold" )+
  coord_flip()+
```

```
  theme_void()
grid.newpage()
pushViewport(viewport(layout=grid.layout(7,11)))
vplayout<-function(x,y){viewport(layout.pos.row=x,layout.pos.col=y)}
print(p2,vp=vplayout(2:7,1:5))
print(p1,vp=vplayout(2:7,6:11))
grid.text(label="美的",x=.60,y=.88,
gp=gpar(col="black",fontsize=15,draw=TRUE,just="centre"))
grid.text(label="莱克",x=.30,y=.88,
gp=gpar(col="black",fontsize=15,draw=TRUE,just="centre"))
grid.text(label="美的莱克技术分支申请量对比图",x=.50,y=.95,
gp=gpar(col="black",fontsize=20,draw=TRUE,just="centre"))
```

对代码解释如下：

首先，导入数据处理包，并读取准备好的技术分支数据，可以通过 head 函数查看技术分支数据结构，其中包括四个数据变量，如下列数据所示。

```
> head(mydata2)
     技术分支   美的   莱克   id
1    缓冲结构   10     32     1
2    结构改进   54     56     2
3    路径延长   20     84     3
4    刷结构     92     25     4
5    速度控制   56     36     5
6    悬挂结构   23     18     6
```

针对上述数据结构，用 ggpot2 包绘制第一个条形图。geom_hline()函数为添加的均值参考线，geom_bar()函数为绘制条形图，aes 坐标映射为横轴 x=id，纵轴 y=美的，这样将美的的申请量数据按序号填充为条形图，然后设置

y 轴数据范围，并将 x 轴坐标轴逆序排列，从而使显示的申请量数据为按照 id 号顺序进行显示，然后利用 geom_text 添加技术分支说明以及添加美的的文字标号。然后将坐标轴翻转，x 轴在竖直位置，y 轴在水平位置，并设置主题为空白。将绘制好的第一个条形图保存为 p1 变量。

接下来，根据同样的方法绘制另一半条形图。这里，需要设置 ylim(-100, 0)将数据显示在左侧，同样需要进行 x 轴坐标逆序，并设置显示的文字标签的位置，并将坐标轴进行翻转，至此，完成了两个部分的条形图绘制，并分别保存为 p1 和 p2 变量。接下来，需要将两个条形图进行组合，绘制到一张图表上。

这里，用到 grid 包中的几个函数，pushViewport，vplayout，print，其中 pushViewport(viewport(layout = grid. layout(7, 11)))用于设置图表布局位置，vplayout<-function(x, y){viewport(layout. pos. row = x, layout. pos. col = y)}用于进行图表行列位置刻度设置。最后，用 print 函数将两个图表分别打印到设定好的位置上，实现对称条形图的绘制，如图 4-7所示。

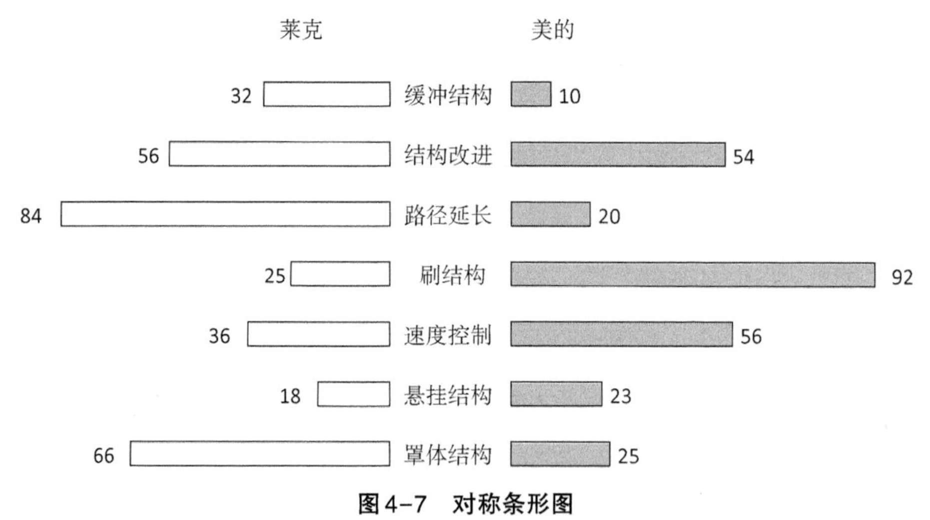

图 4-7　对称条形图

4.2.2　折线（路径）图

1. 折线图

折线图是专利分析数据可视化中一种常用的图表，主要用来反映专利数量随时间的变化趋势，本节将展示利用 R 语言绘制折线图的方法。我们以表 4-2 数据为例绘制年份—技术分支—专利数量折线图。

表 4-2　年份—技术分支—专利数量原数据

年份	技术分支	申请量
2005	地刷	6
2005	电机	7
2005	风道	3
2007	风道	1
2008	电机	16
2010	地刷	2
2011	地刷	1
2011	电机	3
2011	风道	2
2012	地刷	1
2012	电机	3
2012	风道	14
2013	地刷	3
2013	电机	17
2013	风道	5
2014	地刷	11
2014	电机	13
2014	风道	15
2015	地刷	2
2015	电机	20

首先，导入上述整理好的数据，载入绘图所需的函数包，编写如下代码：

代码 4-6　折线图代码

```
ggplot(y1,aes(年份,专利数量,color=技术分支))+
  geom_line(aes(y=专利数量),size=1)+
```

```
ylab(" 专利数量(项)")+
geom_point()+
theme(axis.ticks.length=unit(0.2,'cm'))+
ggtitle(" 专利数量发展趋势图")+
theme(plot.title=element_text(hjust=0.5,size=15))+
theme(axis.title=element_blank())+
scale_x_continuous(breaks=2005:2018,labels=2005:2018)+
theme(axis.text.x=element_text(angle=60,vjust=0.5))+
theme_hc()
```

对上述代码解释如下：

首先，对坐标轴进行映射，aes(年份,专利数量,color=技术分支)，横轴为年份，纵轴为专利数量，用颜色区分技术分支，然后设置横纵坐标轴标签、刻度的主题格式，以及图表标题的文字和对齐方式，选择 hc 主题进行图表整体风格设置，最后用“+”号连接各个图层，运行上述代码，得到如图 4-8 所示的折线图。

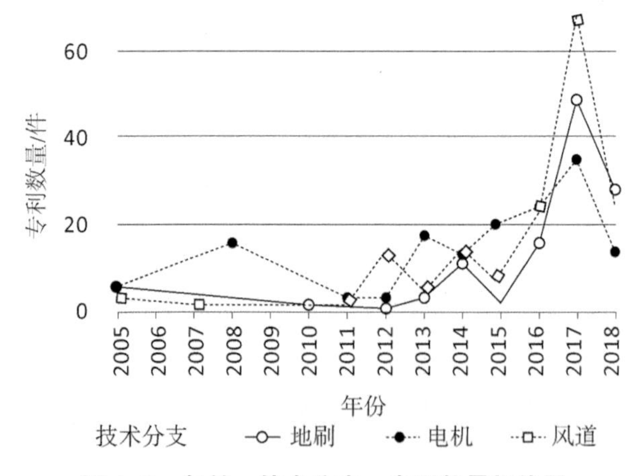

图 4-8　年份—技术分支—专利数量折线图

2. 技术生命周期图

还有另外一种折线图在专利分析领域经常使用，主要用来表征一项技术的生命周期，一般由年份—申请人活跃数—专利数量三个维度的数据表征，将后面二者组成的数据点按年份进行顺序连接，构成路径图。下面用 ggplot2 绘图语法实现专利分析领域的路径图。

首先，导入整理好的数据（见表 4-3），这里仅截取部分数据用于展示数据格式。

表 4-3　技术路径图原始数据

年份	国内外	二级分支	专利数量	申请人活跃数
2001	国外	电机	84	36
2002	国外	电机	79	28
2003	国外	电机	96	32
2004	国外	电机	73	45
2005	国外	电机	102	50
2006	国外	电机	115	65
2007	国外	电机	120	80
2008	国外	电机	125	90
2009	国外	电机	98	78
2010	国外	电机	89	60
2011	国外	电机	76	49
2012	国外	电机	64	38
2013	国外	电机	88	45
2014	国外	电机	105	19
2015	国外	电机	54	15
2016	国外	电机	45	13
2017	国外	电机	16	9
2018	国外	电机	10	5

编写绘图代码如下：

代码 4-7　技术生命周期图代码

```
ggplot(y2,aes(专利数量,申请人活跃数))+
  geom_point(colour=" green" ,size=4)+
  geom_path(size=1,colour=" grey60" )+
  ggtitle(" 专利技术生命周期图" )+
  theme(plot.title=element_text(hjust=0.5,size=15))+
  geom_text(aes(label=年份),position=position_dodge(0.9),hjust=-0.5)+
theme_hc()
```

对上述代码解释如下：

将专利数量和申请人活跃数映射到图像横轴和纵轴，aes(专利数量,申请人活跃数)，然后添加点 geom_point 和路径 geom_path，设置图形标题格式，以及图形数据标签，并选用 hc 主题配色模式，运行上述代码，得到如下技术生命周期路径图（见图 4-9）。

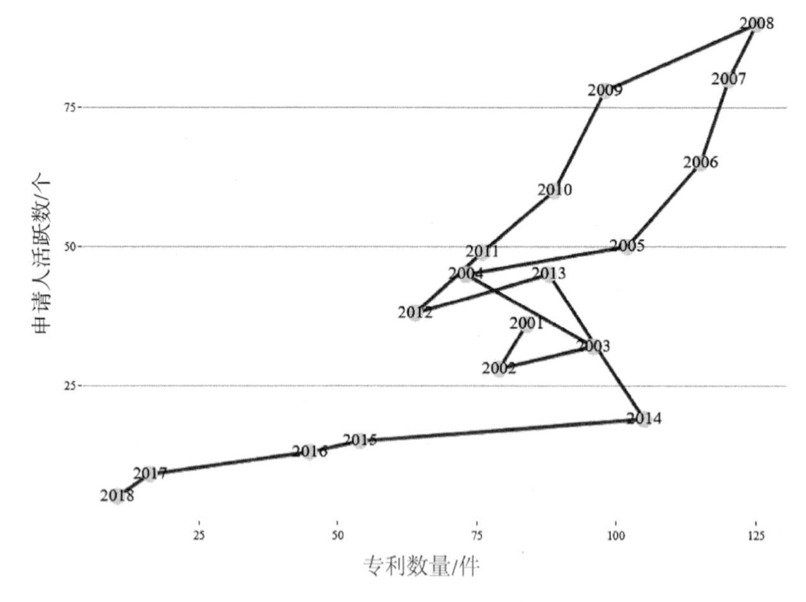

图 4-9　技术生命周期图

4.2.3　散点（气泡）图

气泡图在专利数据分析可视化中属于基本图形之一，气泡图中包括横轴、纵轴和气泡，通过气泡的大小来表征数据量的大小，通过横轴和纵轴交叉点处气泡的有无、大小表示专利的布局情况，可用于分析专利的来源国至目标国的专利布局，申请主体或国家在不同技术分支下的专利申请情况等，是通过二维图形来表征三维数据的较好选择。本节将阐述利用 R 语言绘制气泡图的方法。

1. 普通气泡图

例如，以如下数据（见表 4-4）为例绘制国家—技术分支—申请数量的气泡图。

表 4-4　气泡图原始数据

国别	本体	电机罩	减震结构	接头	壳体	设置消音材料	刷体	消音装置	形状	内壁
日本	450	182	345	57	178	56	263	402	405	54
中国	194	116	155	28	90	18	144	470	392	108
韩国	166	152	123	10	114	37	116	393	322	25
美国	67	24	69	3	11	12	17	86	58	15
德国	38	22	74	9	16	2	16	82	49	7
英国	25	8	74	7	8	3	14	26	56	12
瑞典	4	18	17	7	6	1	12	13	14	0
法国	7	3	22	6	0	2	1	11	3	2

绘制气泡图的代码如下：

代码 4-8　普通气泡图代码

```
library(ggplot2)
library(plotly)
```

```
library(openxlsx)
library(reshape2)
df<-read.xlsx("D:/R/bubble_data.xlsx",1,detectDates=TRUE)
md<-melt(df,ID=C("country","tech"))
names(md)<-c("country","tech","cnt")
p<-md %>%
  ggplot(aes(country,tech,size=cnt,color=country)) +
  geom_point() +
  theme_bw() +
  geom_text(aes(label=cnt),vjust=1,colour="grey40",size=3)
ggplotly(p)
ggsave("D:/R/patent_analysis/output/气泡图.jpg")
```

代码分析如下：

首先导入数据处理需要的函数包，读取数据，对宽形数据进行整合，转换为长形数据，并对数据框进行重命名。然后利用ggplot函数进行绘图，事实上气泡图实质是对通过ggplot绘制的点图进行改进，改进的地方在于点的大小。通过点的大小不同表示数量的大小，因此，在代码中使用geom_point（）函数绘制点，使用ggplot（aes（country，tech，size = cnt，color = country））函数设置点的大小以及对不同的国家配置不同的颜色以示区分，并加上图形数据标签。

运行上述代码得到的气泡图如图4-10所示。

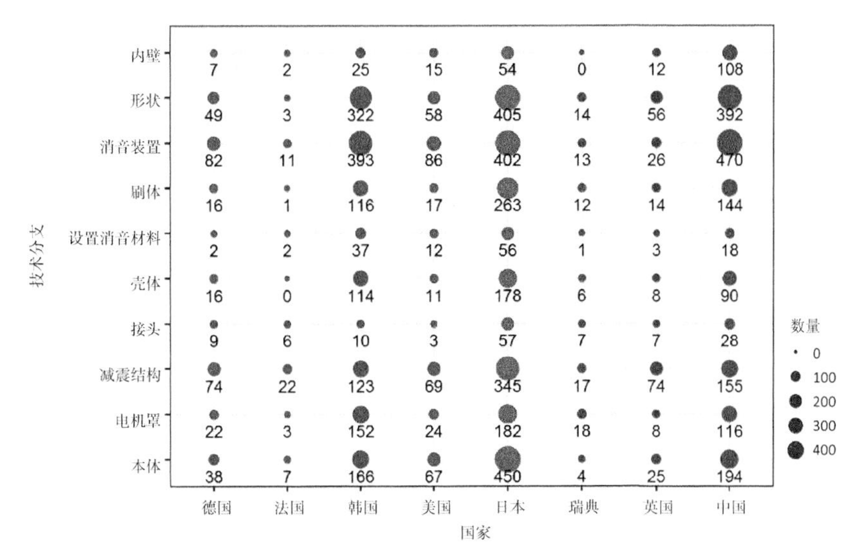

图 4-10　普通气泡图

2. 带四分位点区分气泡图

除上述绘制普通气泡图的方案之外，我们还可以绘制带有数据分位点特征的气泡图。例如，现具有如表 4-5 所示的五局专利流向分布数据，第一列为技术来源国，其他列为技术进入国，数据区为流向专利数量。我们需要用气泡图来展示不同国别之间技术流向情况，希望通过气泡颜色，能快速定位流向数据的四分位点的范围。例如，来自 CN，进入 CN 的专利数量达到 580 件，超过数据区的上四分位点，用蓝色进行气泡显示；而来自 CN，进入 US 的专利数量小于四分位点，用粉色来显示。如何绘制带四分位点区分的气泡图？

表 4-5　技术来源国输出国数据

国家	CA	CN	DE	EP	JP	KR	RU	US
CN		580		116	96			91
EP		172	117	309	156	119		180
JP		90			781			
KR	91	117		121	122	306	97	130
US	99	145	106	204	178	126		297

代码 4-9　带四分位点区分气泡图代码

```
library(openxlsx)
library(tidyr)
library(dplyr)
library(ggplot2)

mydata2<-read.xlsx("C:\\R\\数据范例\\同族拆分统计.xlsx",1)
  mydata2<-gather(mydata2,输出国,专利数量,-1)
  mydata2<-rename(mydata2,来源国=国家)
  mydata2$来源国<-factor(mydata2$来源国,levels=c("CN",
"US","EP","JP","KR"),ordered=T)
  qa<-quantile(mydata2$专利数量,c(0,.25,.5,.75,1),na.rm=TRUE)
mydata2$分位点<-cut(mydata2$专利数量,breaks=qa,labels=c("0",
"1","2","3"),include.lowest=TRUE,ordered=T)
  ggplot(data=mydata2,aes(x=输出国,y=来源国))+
  geom_hline(aes(x=输出国,y=来源国,yintercept=1:nrow(mydata2)),
size=10,colour="#E4EDF2",alpha=.5)+
     geom_vline(aes(x=输出国,y=来源国,xintercept=1:nrow
(mydata2)),linetype="dashed")+
    geom_point(aes(size=专利数量,fill=分位点),shape=21,colour
="white")+
    scale_fill_manual(values=c("#F9DBD3","#F1B255","#519F46","#
41B0C3"))+
    scale_size_area(max_size=25)+
    scale_x_discrete(position="top")+
    labs(title="气泡图")+
    geom_text(aes(label=专利数量),size=4)+
```

```
    theme_void(base_size=20)+
  theme(legend.position =" none", panel.grid.major.x = element_line
(linetype=" dashed"),plot.margin=margin(5,5,5,5,unit=" pt"),
  axis.text=element_text(size=10,hjust=0.5),
  plot.title=element_text(hjust=0.5))
```

对代码解释如下：

首先，导入数据处理包，并读取数据，然后对数据做初步处理，整合宽数据为长数据，对数据框重命名。为了使气泡图按指定顺序进行排列，则需要对来源国进行因子化处理，即语句 mydata2 $ 来源国<-factor(mydata2 $ 来源国,levels=c("CN","US","EP","JP","KR"),ordered=T)。

接下来，用 quantile 函数对数据区进行分位点设置，将数据分为下四分位，上四分位，即语句 qa<-quantile(mydata2 $ 专利数量,c(0,.25,.5,.75,1),na.rm=TRUE)。

然后，将数据按四分位点进行数据区间划分，这里需要使用 cut 函数，其将数据按 breaks 参数进行区间划分，并为每个数据打上标签。mydata2 $ 分位点<-cut(mydata2 $ 专利数量，breaks=qa，labels=c("0 ","1","2","3 "),include.lowest=TRUE,ordered=T)

在做好上述数据处理之后，开始进入绘图环节。

①调用 ggplot 函数，设置绘图数据，横纵坐标轴，然后，分别绘制横分割线、纵分割线，即 geom_hline()，geom_vline()函数。

②气泡用点图进行数据展示，其中，点的大小用专利数量填充，点的颜色用分位点数据进行区分，实现气泡数据四分位点的直观展示。geom_point(aes(size=专利数量,fill=分位点),shape=21,colour=" white")

③进行一些配色和主题元素的设置，诸如，scale_fill_manual 进行颜色区分填充，设置 x 轴坐标刻度位置，添加标题，填充气泡数据，以及其他主题元素的设置通过 theme()函数进行设置，最终实现绘制带有四分位点区分的气泡图（见图4-11）。

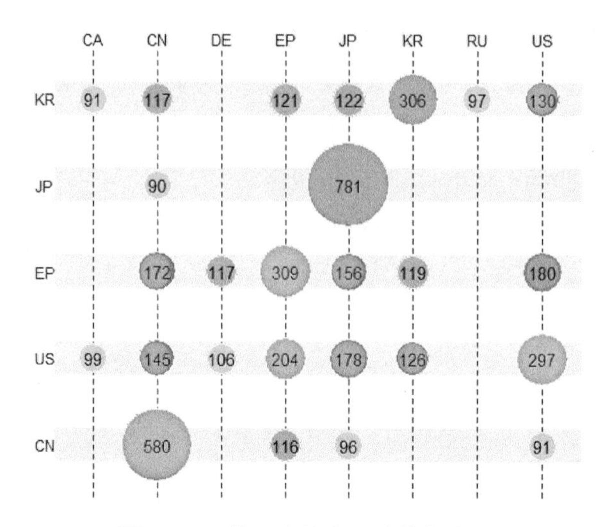

图 4-11　带四分位点区分的气泡图

4.3 利用 Highcharter 包制图

上一节主要介绍了利用 ggplot2 包绘制基本专利分析图表的方法，事实上，ggplot2 包作为 R 语言最主要的数据可视化包，其可以绘制大量优美的图表，但本书仅讨论在专利分析领域中常用的数据图表。ggplot2 包以其简洁的图形图层语法，使得绘图变得更为简单，为专利分析人员提供了一种关于数据可视化的思考框架。但略有遗憾的是，ggplot2 只能创建静态图形，如果需要绘制可交互式动态图，则需要使用其他扩展可视化函数包，如 plotly 包。本节将着重介绍在专利分析领域常用的其他数据可视化包，利用这些函数包，可以绘制动态可交互式图表，为专利分析人员在进行分析时提供实时数据挖掘的工具。

Highcharter 包是 Highcharts javascript libray 及其模块的 R 包封装器，Highcharts 具有成熟和灵活的 javascript 图表库。基于 Highcharter 包可以绘制多种交互式图表，如散点图、气泡图、热力图、树图、条形图等，支持 Highmaps 图表，本节将以专利分析应用场景为基础，绘制专利分析中常用的分析图表。

4.3.1　圆环类图

1. 标准圆环图

这一部分主要讲述利用 Highcharter 包绘制圆环类图，包括标准圆环图、饼图和扇形图。其绘图代码基本相同，不同的仅为参数设置的区别。

根据表 4-6 的数据结构，绘制圆环图，代码如下：

表 4-6　圆环图原始数据

四级分支	申请量	百分比
刷结构	119	34. 10
结构改进	87	24. 93
罩体结构	46	13. 18
路径延长	59	16. 91
缓冲结构	38	10. 89

代码 4-10　圆环图代码

```
highchart( ) %>%
    hc_title ( text =" 四级技术分支<br>占比统计" , align =" center" , verticalAlign =" middle" ,y =-10) %>%
    hc_tooltip ( headerFormat =" {series. 四级分支}<br>" , pointFormat = " {point. 四级分支}: {point. 专利数量:.0f};<br><b>{point. 百分比:.1f}%</b>" ) %>%
    hc_plotOptions( pie =list( dataLabels =list( enabled =TRUE, distance =-50, style =list ( fontWeight =" bold" , color =" white" , fontSize =" 10px" ) ), center =c ('50%','50%') ) ) %>%
    hc_add_series ( s1, type =" pie" , hcaes ( name =四级分支, y =百分比),name =" 四级分支" , innerSize =" 50%" ) %>%
    hc_add_theme( hc_theme_google( ) )
```

对代码解释如下：

首先，导入highchart()。然后，用管道操作符连接各个参数的设置，hc_title用于设置图标标题，其中align参数用于设置水平方式，verticalAlign用于设置垂直对齐方式。hc_tooltip用于设置动态提示框，headerFormat，pointFormat用于设置动态提示框中显示内容的格式，以及数据显示格式的设置。

hc_plotOptions用于设置坐标轴格式，hc_add_series用于添加数据，其中的hcaes参数连接的是数据表中的变量名，hc_add_theme用于修改图表显示风格。有关上述每个参数的具体设置，本书不再详细介绍，读者可参阅Highcharter包的有关帮助文档。值得一提的是，在圆环型图中，我们将innerSize设为“50%”。运行上述代码，图形显示如图4-12，其中鼠标滑过每个颜色块时均会有相应的提示框出现。

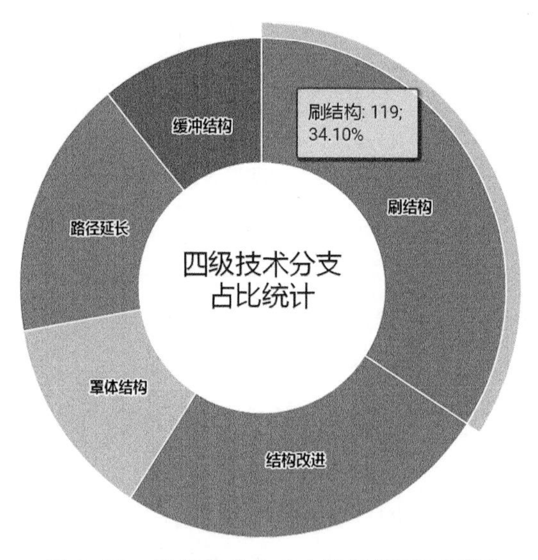

图4-12　四级技术分支占比统计圆环型图

2. 饼图

作为圆环图的一种变化，饼图也常用来反映数据百分比的分布，用Highcharter包绘制饼图的代码和绘制圆环图基本相同，不同之处在于，将innerSize设为“0%”（见图4-13）。

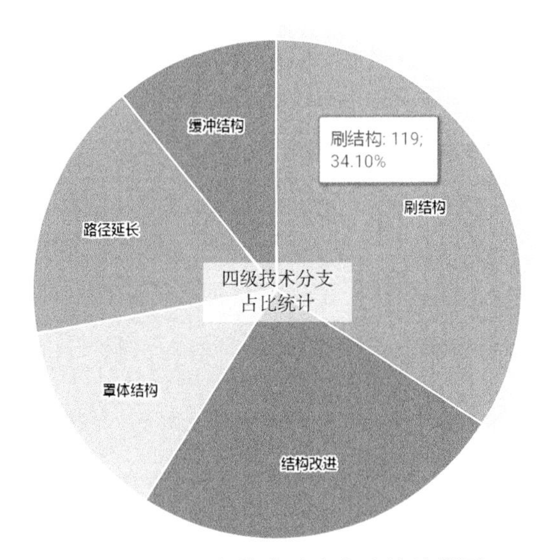

图 4-13　四级技术分支占比统计饼图

3. 扇形图

扇形图的绘制与圆环图和饼图略有不同，以下给出扇形图（见图 4-14）制图代码，其中在代码中给出了部分代码的含义，用#号表示。

代码 4-11　扇形图代码

```
highchart( ) %>%
  hc_title(
    #图表标题,"<br>" 换行
    text=" 四级技术分支<br>占比统计" ,
    #标题位置,水平方向
    align=" center" ,
    #标题位置,垂直方向
    verticalAlign=" middle" ,
    style=list( fontWeight=" bold" ,color=" black" ,fontSize=18) ,
    #标题位置,基于上方位置,进行微调
    y=60) %>%
```

```
    hc_plotOptions(pie=list(
      dataLabels=list(
        #显示标签
        enabled=TRUE,
        #标签显示位置调整
        distance=-30,
        #标签的格式设置
        style=list(fontWeight=" bold" ,color=" white" ,fontsize=18)),
      #圆环的开始角度
      startAngle=-90,
      #圆环的结束角度
      endAngle=90,
      center=c('50%','75%')))%>%
    hc_tooltip(
      #提示框格式显示
      headerFormat=" {series. 四级分支}<br>" ,
      pointFormat=" {point. 四级分支}:<b>{point. 专利数量:.0f};<br>
{point. 百分比:.1f}%</b>" )%>%
    hc_add_series(s1,type=" pie" ,hcaes(name=四级分支,y=百分比),
name=" 四级分支" ,
                 #控制环的粗细
                 innerSize=" 70%" ) %>%
    hc_add_theme(hc_theme_ffx())
```

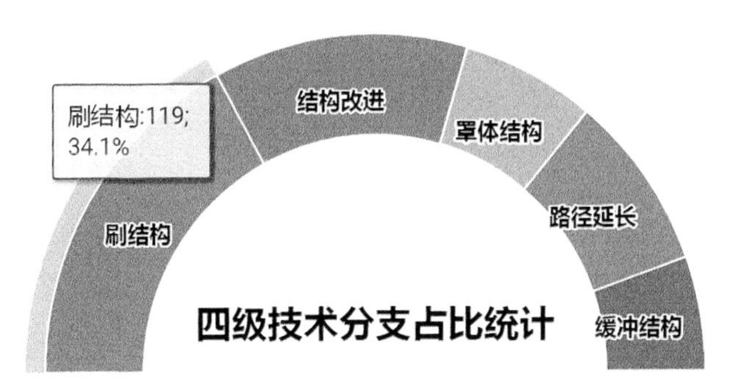

图4-14　四级技术分支占比统计扇形图

4.3.2　极坐标图

利用 Highcharter 包的极坐标系，可以绘制诸如分组玫瑰图或雷达图，用来展示二维变量之间的对比关系。本节利用极坐标系绘制专利分析中常用的分组玫瑰图和雷达图。

1. 分组玫瑰图

首先，利用第 3 章的数据处理知识，将源数据整理成如表 4-7 所示格式，将该数据框命名为 s3，后续制图代码中将沿用该数据框名称。

表4-7　极坐标图原数据

标准化申请人	总量	技术分支	申请量	占比
LG	51	地刷	19	37.3
博世	83	地刷		
美的	488	地刷	108	22.1
三菱	11	地刷	1	9.1
三星	10	地刷	1	10
LG	51	电机	20	39.2
博世	83	电机	37	44.6
美的	488	电机	101	20.7
三菱	11	电机	10	90.9
三星	10	电机	7	70

续表

标准化申请人	总量	技术分支	申请量	占比
LG	51	风道	12	23.5
博世	83	风道	46	55.4
美的	488	风道	279	57.2
三菱	11	风道		
三星	10	风道	2	20

绘制分组玫瑰图的代码段如下，为便于理解，代码段解释用#号标注。

代码4-12 分组玫瑰图代码

```
highchart() %>%
  #polar 设置极坐标
  hc_chart(polar=TRUE,type=" column") %>%
  hc_title(text=" 申请人技术主题占比统计",x=-50) %>%
  #设置图形大小
  hc_pane(size=" 85% ") %>%
  #设置图例位置
  hc_legend(align = " right", verticalAlign = " top", y = 20, layout = "
vertical") %>%
  hc_yAxis(title=list(text=" 占比 (%)",
                      #设置轴标题的位置
                      x=0,
                      y=-100),
          #颠倒堆积的顺序
          reversedStacks=FALSE) %>%
  hc_xAxis(categories = unique(s3 $ 标准化申请人), title = list(fontSize
=" 15px")) %>%
  hc_tooltip(
```

```
    #提示框的值显示百分比
    valueSuffix = " % " ) % >%
  hc_plotOptions ( series = list ( stacking = " normal" , pointPlacement = " on" ,
groupPadding = 0 , shadow = FALSE ) ) % >%
  hc_add_series ( data = s3 , type = " column" , hcaes ( y = 占比 , group = 技术
分支 ) ) % >%
  hc_add_theme ( hc_theme_flat ( ) )
```

运行该段代码，绘制的分组玫瑰图如图 4-15 所示，可以通过点击图例，控制显示某一组数据，从而更加清晰的呈现不同申请人之间的技术布局重点。

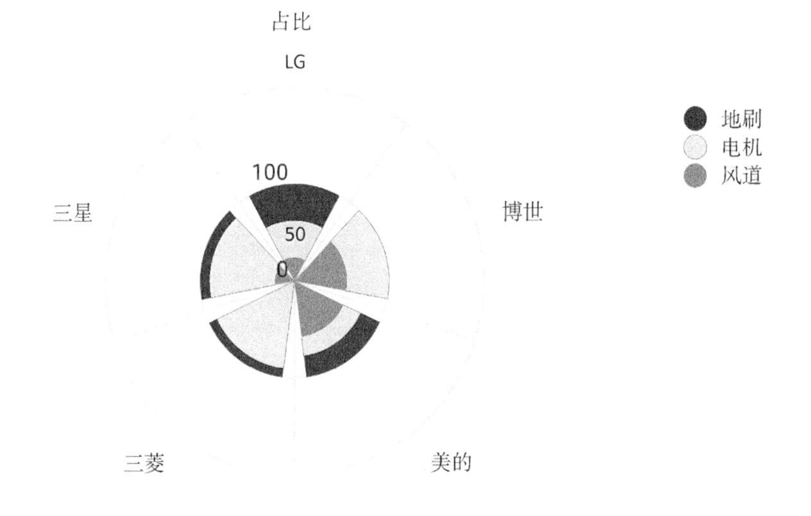

图 4-15　申请人技术主题占比统计分组玫瑰图

2. 雷达图

作为极坐标的另一种应用，还可以绘制雷达图用来呈现不同申请人之间的技术布局方向，

首先，将数据整理成如表 4-8 所示格式，并导入 RStudio 中，对该数据框命名为 ss1。

表 4-8　雷达图源数据

技术分支	LG	博世	美的	三菱	三星
地刷	36	28	108	36	55
电机	49	37	101	45	67
风道	54	46	279	36	82

绘制雷达图的代码如下：

代码 4-13　雷达图代码

```
highchart() %>%
  #polar 设置极坐标
  hc_chart(polar=TRUE,type="line") %>%
  hc_title(text="主要申请人技术布局对比图",x=-60) %>%
  #设置图形大小
  hc_pane(size="100%") %>%
  #设置图例位置
  hc_legend(align="right",verticalAlign="top",y=70,layout=
"vertical")%>%
  hc_xAxis(categories=ss1$技术分支,
           #横轴线宽设为 0,隐藏横轴
           lineWidth=0,
           #旋转图表分割线至多边形的顶点
           tickmarkPlacement="on") %>%
  hc_yAxis(#设置图形为多边形
    gridLineInterpolation="polygon",
    #纵轴线宽设为 0,隐藏纵轴,可更换调色模式,线条粗细
    lineWidth=0,gridLineWidth=0.5,gridLineColor="#90B799",
    min=0) %>%
```

```
    hc_tooltip(#提示框同时显示两条线的同一个类别下的值
      shared=TRUE,
      #提示框格式
      pointFormat='<span style="color:{series.color}">{series.name}:<
b>{point.y:,.0f}</b><br/>')%>%
    hc_add_series(name="LG",s4$LG) %>%
    hc_add_series(name="三星",s4$三星) %>%
    hc_add_series(name="美的",s4$美的) %>%
    hc_add_series(name="博世",s4$博世) %>%
    hc_add_series(name="三菱",s4$三菱) %>%
    hc_add_theme(hc_theme_google())
```

有趣的是，图 4-16 中，可以通过点击不同申请人的图例，来控制该项数据的显示与否，图表自动更新比例尺。例如，美的的技术布局实力最为雄厚，如果将美的的数据隐去，可以更进一步观察其余 4 家公司的技术布局情况（见图 4-17）。可以看出，利用 Highcharter 包的动态交互功能，可以更方便的挖掘数据背后的其他信息。

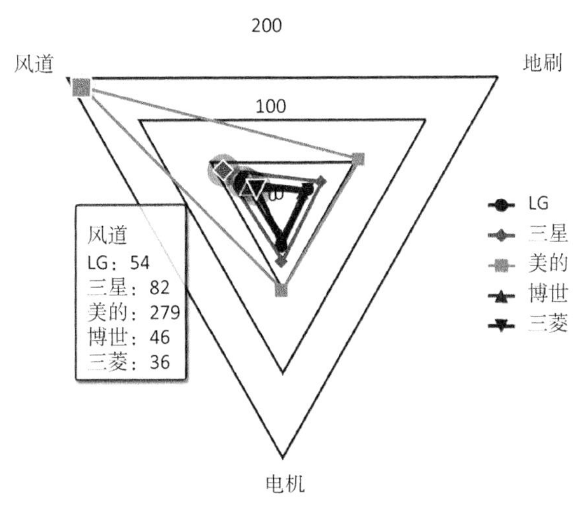

图 4-16　主要申请人技术布局对比雷达图

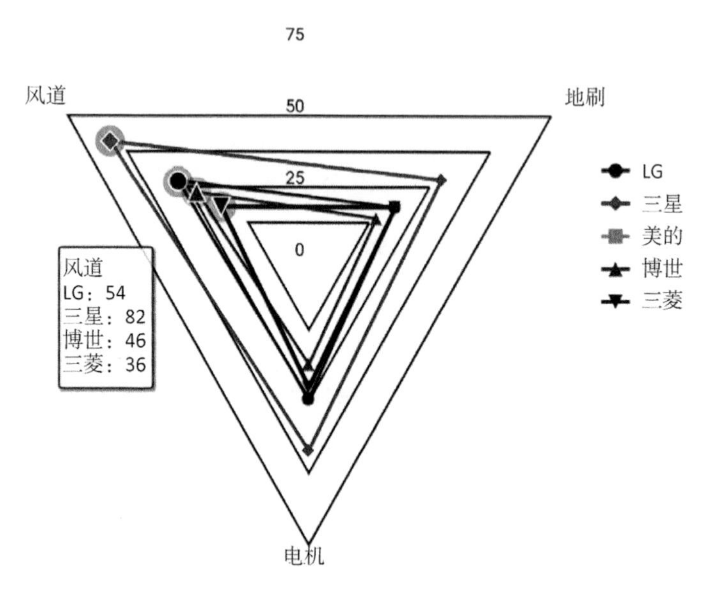

图4-17　主要申请人技术布局对比图例筛选雷达图

4.3.3　矩形树图及热力图

本部分将利用 highcharter 包绘制矩形树图和热力图。矩形树图主要用来表征单个数据变量在整体中所占权重。在专利分析领域，可以用来绘制诸如技术分支专利布局数量、主要申请人专利数量分布等。下面我们依然给出相应的数据实例以及代码范例。

1. 矩形树图

我们以 4.3.1 中表 4-16 中的数据为例进行矩形树图的绘制，同样的，首先，我们载入数据处理所用到的函数包，并读入整理好的数据，数据框命名为 s1，然后编写代码，绘制矩形树图。

代码 4-14　矩形树图代码

```
library(openxlsx)
library(highcharter)
```

```
library(dplyr)
highchart() %>%
  hc_colorAxis(maxColor=" #0043AE") %>%
  hc_title(text=" 四级分支专利布局") %>%
  hc_add_series(data=s1,type=" treemap",
                hcaes(name=四级分支,value=专利数量,colorValue=
专利数量),layoutAlgorithm=" squarified") %>%
  hc_add_theme(hc_theme_google())
```

下面对代码解释如下：

maxColor="#0043AE"，表示的是矩形树图色调选择，读者可查阅相关颜色的十六进制代码，选择视觉效果满意的颜色。hc_add_series 函数中，指定绘制所依据的数据框名称，这里为 s1，指定绘图类型为 treemap。hcaes 函数将变量名赋值给 name，将专利数量赋值给 value，同时利用专利数量填充颜色，使矩形块跟随专利数量的不同而自动实现颜色渐变。最后，可以设置自己满意的绘图主题，本例中选择 google 配色主题。运行上述代码，得到如下矩形树图（见图 4-18）。

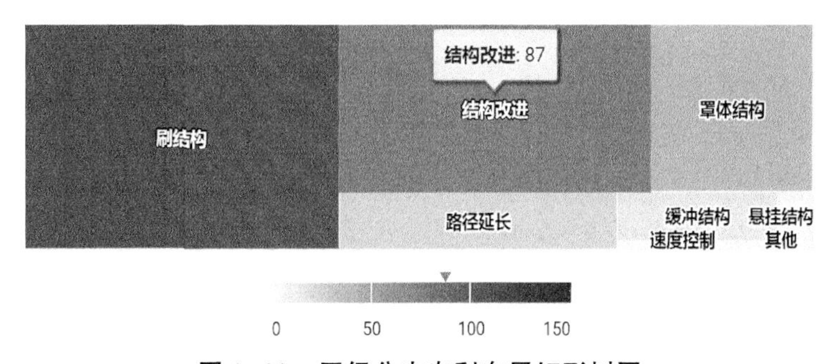

图 4-18　四级分支专利布局矩形树图

值得指出的是，绘制矩形树图，还可以采用其他函数包进行，如专门用于绘制树图的 treemap 包，通过简单的两行代码，即可绘制动态可交互矩形树图，感兴趣的读者可自行研究。此处提供如下代码供参考：

```
library(treemap)
tm<-treemap(s1,index="四级分支",vSize="专利数量")
hctreemap(tm)
```

2. 热力图

以 3. 3. 3 中表 3-13 中处理好的申请人合作关系数据为基础，绘制申请人合作关系热力图（见图 4-19），定义数据框名称为 ss2，代码如下：

代码 4-15　热力图代码

```
highchart() %>%
  hc_title(text="申请人合作关系热力图",align="center") %>%
  hc_xAxis(categories=unique(ss2$申请人_1)) %>%
  hc_yAxis(categories=unique(ss2$合作申请人)) %>%
  hc_colorAxis(mincolor="#90EE90",maxColor="#228B22") %>%
  hc_legend(align="right",layout="vertical",
            margin=0,verticalAlign="top",y=25,
            symbolHeight=400) %>%
  hc_tooltip(formatter=JS("function () {return '<b>' +
            this.series.xAxis.categories[this.point.x] +
              '</b> ~ <br><b>' +
              this.series.yAxis.categories[this.point.y] +
              '</b>: <br><b>'+this.point.value + '</b>';}"))
%>%
  hc_add_series(data=ss2,type="heatmap",
              hcaes(x=ss2$申请人_1,y=ss2$合作申请人,value=
ss2$合作专利数量),dataLabels=list(enabled=TRUE)) %>%
  hc_add_theme(hc_theme_google())
```

对上述代码解释如下：

我们通过 hc_xAxis，hc_yAxis 函数，设置热力图横纵坐标轴。值得注意的是，我们需要用 unique 函数获得申请人_1，合作申请人两个变量的维度值(即不重复的申请人名单列表)，即语句 hc_xAxis(categories = unique(ss2 $ 申请人_1))，hc_yAxis（categories=unique（ss2 $ 合作申请人））%>%。

然后，用 hc_colorAxis 函数设置相应的颜色模式和 hc_tooltip 函数设置提示框数据显示格式，最关键的地方在于，hc_add_series 中将申请人_1 赋值给 x 变量，将合作申请人赋值给 y 变量，将合作专利数量赋值给 value 变量，从而实现最终的图表绘制。通过悬停鼠标，实现具体热力框申请人合作关系及合作专利数量提示。

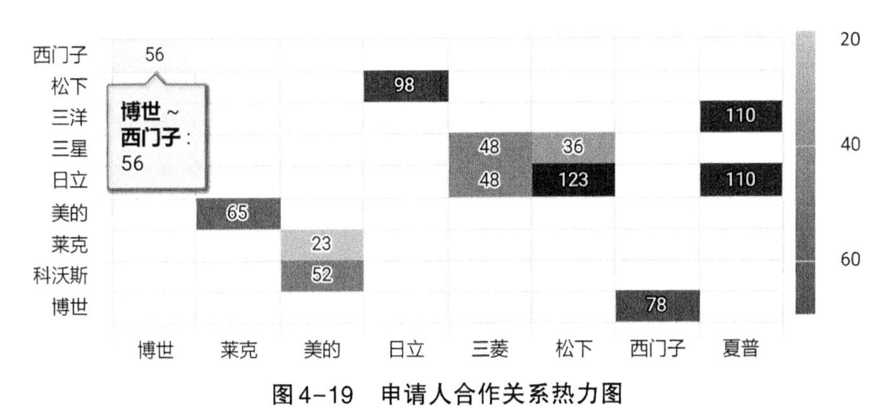

图 4-19　申请人合作关系热力图

4.4　利用 Dygraphs 包绘制交互式时序图

Dygraphs 包是 dygraphs JavaScript 图表库的 R 接口，它为在 R 中绘制时间序列数据提供了丰富的函数，如自动绘制 xts 时间序列对象（或任何可转换为 xts 的对象）；高度可配置的轴和系列显示（包括可选的第二个 Y 轴）；丰富的交互功能，包括缩放/平移和系列/点突出显示；在系列周围显示上/下条（如预测间隔）；各种图形叠加，包括阴影区域、事件线和点注释。

本节将以 Dygraphs 包为基础，绘制专利分析中常用的与时间有关的序列图。需注意的是，Dygraphs包中的时序数据变量，如年份数据，应该设置为数值型变量（numeric），并且数据列表中不能出现空值，否则将出现错误。

4.4.1 折线时序图

例如，针对3.6.1中表3-26中整理得到的年份—专利数量—申请人活跃数，利用dygraphs包绘图表。

代码如下：

代码4-16 折线时序图代码

```
library(dygraphs)
library(openxlsx)
t1<-read.xlsx("C:/Users/ Documents/三维变量的联合统计结果.xlsx",1)
t1$年份<-as.numeric(t1$年份)
dygraph(t1) %>% dySeries("申请人活跃数",axis='y2')%>% dySeries
("专利数量",label="专利数量")%>%
    dyHighlight(highlightSeriesOpts=list(strokeWidth=3)) %>%
    dyOptions(colors=RColorBrewer::brewer.pal(3,"Set1")) %>%
    dyOptions(drawPoints=TRUE,pointSize=2) %>%
    dyRangeSelector(height=20,strokeColor="") %>%
    dyAxis("y",label="专利数量") %>%
    dyAxis("y2",label="申请人活跃数",independentTicks=TRUE)
```

运行上述代码，结果如图4-20所示：

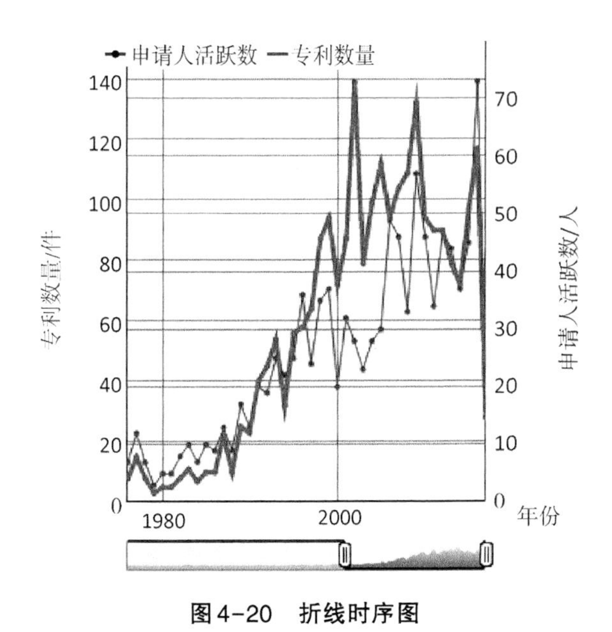

图 4-20　折线时序图

对上述代码解释如下：

载入 Dygraphs 包，并读入处理好的原始数据，然后修改数据中的年份变量为数值型变量［t1 $ 年份<-as. numeric（t1 $ 年份）］。

接下来进入画图阶段，首先，通过语句 dygraph(t1) %>% dySeries("申请人活跃数",axis='y2')%>%dySeries("专利数量",label="专利数量")可快速画出基本图形，然后通过 dyHighlight（高亮设置）、dyOptions（配色方案和点线形状设置）、dyAxis（坐标轴设置）、dyRangeSelector（坐标轴缩放设置）分别进行相关设置，每个设置函数之间用管道操作符“%>%”连接，即可得到自己满意的图形外观。

4.4.2　折线+条形时序图

Dygraphs 包还可以绘制折线图和条形图组合图形，仍然以上述数据为例进行说明。例如，希望将申请人活跃数用条形图进行演示，专利数量用折线图进行展示，同时将申请人活跃数绘制在次坐标轴，代码如下：

代码4-17　折线条形时序图代码

```
dygraph(d1)%>%
dyRangeSelector(height=20,strokeColor="") %>%
dyAxis("y",label="专利数量") %>%
dyAxis("y2",label="申请人活跃数",independentTicks=TRUE) %>%
dyBarSeries('申请人活跃数',axis="y2") %>%
dyFilledLine('专利数量')
```

这里用 dyBarSeries 选项设置条形图代表的数据，用 dyFilledLine 选项设置折线图代表的数据，其余设置同上例。可以看出，用 Dygraphs 包可以很容易地实现折线条形动态时序图（见图 4-21）。

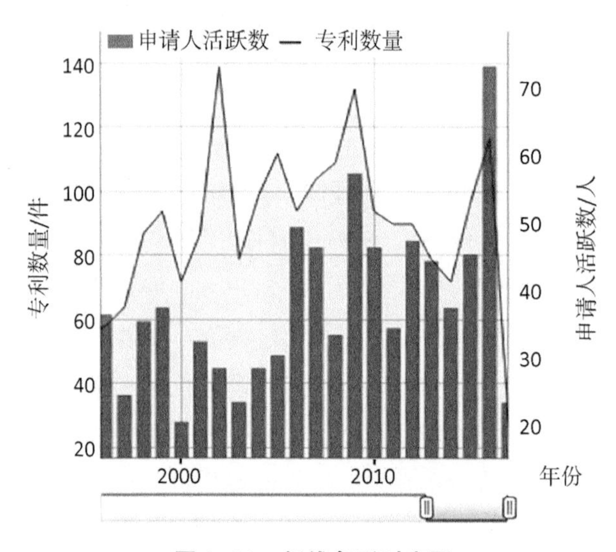

图4-21　折线条形时序图

4.4.3　堆叠条形+折线时序图

作为扩展，当专利数量有两个维度需要分开展示时，可以绘制堆叠柱状图，如表 4-9 所示的数据格式，其中专利数量分为国内和国外分列显示，申请人活跃数用总量显示，可以绘制堆叠柱状图和折线图组合交互式图表（见图 4-22）。绘图部分代码中，添加 dyStackedBarGroup(c("国内","国外"))选项，将国内和国外专利数量数据用堆叠柱状图进行绘制，绘图部分代码如下：

代码 4-18　堆叠条形+折线时序图代码

```
dygraph(t1) %>% dyRangeSelector(height=20,strokeColor="") %>%
  dyAxis("y",label="专利数量") %>%
  dyAxis("y2",label="申请人活跃数",independentTicks=TRUE) %>%
  dyStackedBarGroup(c("国内","国外")) %>%
  dyFilledLine('申请人活跃数') %>%
  dySeries("申请人活跃数",axis="y2",fillGraph=TRUE,color="black")
```

表 4-9　区分国内外申请人活跃数

年份	申请人活跃数	国内	国外
2009	168	138	181
2010	136	163	185
2011	132	184	134
2012	125	138	176
2013	152	203	130
2014	146	153	128
2015	168	241	114
2016	201	297	98
2017	156	230	68
2018	53	63	3

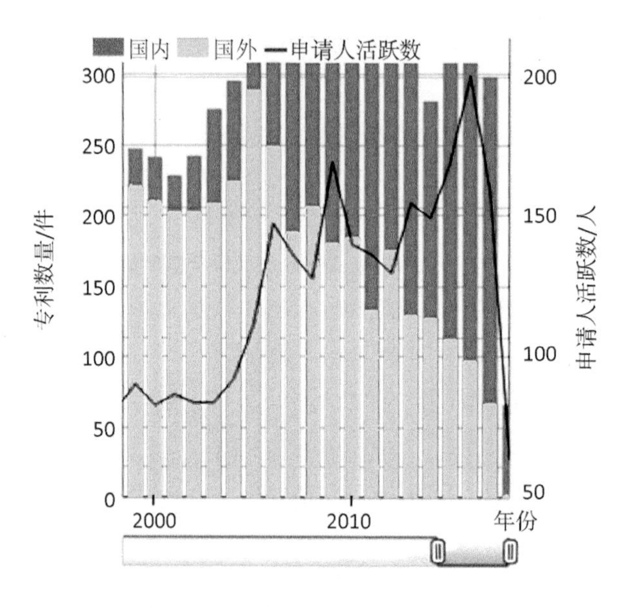

图 4-22 堆叠条形折线时序图

4.5 利用 Circlelize 包制图

弦图可以反映两类变量之间的相互作用关系，也可以反映相互作用强度，这是其他图表难以展示的信息。其中，弦图弦的宽度代表所连接的两个对象的相互作用强弱，弦越宽，则相互作用越强。

在专利分析领域中，弦图常用于绘制国家之间的专利流向、不同申请主体之间的合作关系等，本节将给出利用弦图展示数据关系的方法。

4.5.1 申请人合作关系弦图

由于弦图是反映两类变量之间的相关作用关系，其对数据结构的要求是：两类变量之间具有可以用数值变量反映其内在关系，而申请人合作关系的数据结构正好适合于用弦图进行可视化分析。首先来看申请人合作关系的弦图制图方法。例如，虚构出如表 4-10 所示的申请人合作关系数据，根据该数据绘制弦图。

表 4-10　申请人合作关系数据

申请人_1	合作申请人	合作专利数量
博世	西门子	56
莱克	美的	65
美的	科沃斯	52
美的	莱克	23
日立	松下	98
三菱	日立	48
三菱	三星	48
松下	日立	123
松下	三星	36
西门子	博世	78
夏普	日立	110
夏普	三洋	110

我们首先给出如下制图代码，随后对代码进行分析：

代码 4-19　申请人合作关系弦图代码

```
library(openxlsx)
library(circlize)
df<-read.xlsx("C:\\R\\申请人合作关系统计.xlsx",4)
grid_col<-  c(博世="black",美的="orange2",三菱="#009E73",
              松下="brown2",夏普="#0072B2",西门子="#999999",莱克="#999999",科沃斯="#999999",日立="#999999",三星="#999999",三洋="#999999")
chordDiagram(df,grid.col=grid_col,transparency=0.5,
             annotationTrack=c("name","grid"),
             big.gap=10,
             link.sort=TRUE,link.decreasing=TRUE,
             annotationTrackHeight=c(0.01,0.05)
)
```

```
title(" 申请人合作关系图",cex=0.2) # 添加标题
circos.clear()
```

现对代码解释如下：

首先，导入数据处理包，其中 Circlize 包用于绘制弦图。然后读取虚构的数据表，并保存为 df 数据框。

为使图的配色区分度较高，对圆弧段进行配色设置，并将设置好的颜色值保存为 grid_col 变量。然后调用 chordDiagram 函数进行弦图绘制，将配色值赋值给 grid. col。当两列关系变量不存在重名时，可以设置两组网格的间距 big. gap=10，从而将数据输入和输出方向进行区分；为使弦图按照圆弧段长度进行排列，设置排列顺序 link. sort=TRUE，link. decreasing=TRUE；最后设置网格大小，并添加标题。绘制的申请人合作关系弦图如图 4-23 所示。

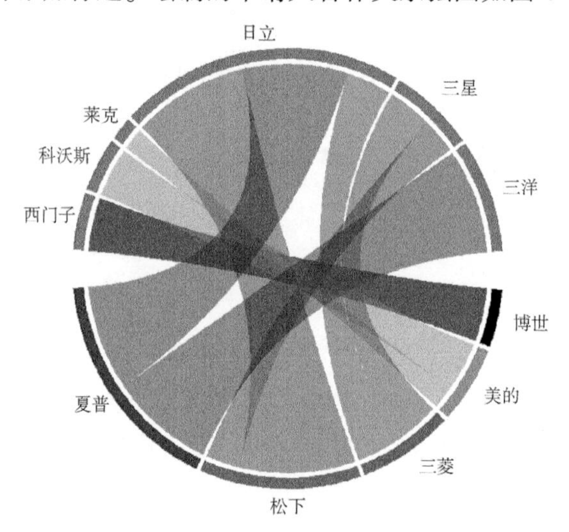

图 4-23　申请人合作关系弦图

4.5.2　五局技术流向弦图

在同族专利分析中，经常提取同族国别，分析每一件申请的技术来源国和技术流入国。一般的，主要考虑五局专利流向，因此，用弦图可以很好地展示五局专利技术流向。下面利用 3.5.2（表 3-23）中整理得到的同族数据

进行五局技术流向弦图绘制。

首先给出数据绘图代码，然后，对代码进行解释：

代码 4-20　五局技术流向弦图代码

```
library(openxlsx)
library(tidyr)
library(dplyr)
library(circlize)
mydata1<-read.xlsx("C:\\R\\同族拆分统计.xlsx",1)
mydata1<-gather(mydata1,输出国,专利数量,-1)
mydata1<-rename(mydata1,来源国=国家)
mydata1<-na.omit(mydata1)
grid_col<- c(CN="red",US="green",EP="blue",JP="hotpink",KR
="yellow",CA="lightblue",DE="DeepSkyBlue",RU="pink")
arr_col<-data.frame(c("CN","US","EP"),c("JP","KR","DE"),
                    c("black","black","black"))
chordDiagram(mydata1,grid.col=grid_col,transparency=0.6,
             annotationTrack=c("name","grid"),
             link.sort=TRUE,link.decreasing=FALSE,
             link.arr.col=arr_col,
             directional=TRUE,direction.type="arrows",
             link.arr.length=0.2,
             row.col=c("#FF000080","#00FF0010","#0000FF10"),
             preAllocateTracks=list(track.height=0.1),
             annotationTrackHeight=c(0.1,0.1))
title("五局技术合作流向图",cex=0.8)
```

对代码进行分析：

导入数据处理需要的函数包，由于制图之前需要进行基本的数据处理，因此，除常规的数据处理包之外，这里我们还需要导入 Circlize 包。接下来导入处理好的数据，并对数据做简单格式规整，即将宽形数据转换为长形数据，并删除空的数据值。至此，我们已经整理好数据格式，如表 4-11 所示：其数据格式共有 3 列，前两列分别为数据来源国和数据输出国，数值表示从来源国到输入国的专利件数。我们对此绘制弦图。

表 4-11　五局技术流向中间数据格式

来源国	输出国	专利数量
KR	CA	91
US	CA	99
CN	CN	580
EP	CN	172
JP	CN	90
KR	CN	117
US	CN	145
EP	DE	117
US	DE	106
CN	EP	116
EP	EP	309
KR	EP	121
US	EP	204
CN	JP	96

首先，设置弦图圆弧段的颜色值，进行不同国别的区分：

```
grid_col<-c(CN=" red",US=" green",EP=" blue",JP=" hotpink",KR="
yellow",CA=" lightblue",DE=" DeepSkyBlue",RU=" pink")
```

为了更清楚的展示数据流向，还设置了数据流向箭头，选择从 CN→JP，从 US→KR，从 EP→DE，分别显示数据流向，并设置箭头线条颜色为黑色。

```
arr_col<-data.frame(c(" CN"," US"," EP"),c(" JP"," KR"," DE"),c("
black"," black"," black"))
```

最后，用 chordDiagram 添加弦图，弦图的数据源为 mydata1，颜色为上述设置好的颜色，并设置弦图的显示模式为显示网格和名称，并定义显示顺序以及将设置好的箭头的颜色赋值给 link. arr. col。再设置圆弧段大小，使整体较为协调，添加图表标题，完成弦图的绘制，如图 4-24 所示。

```
chordDiagram(mydata1,grid.col=grid_col,transparency=0.6,
             annotationTrack=c(" name"," grid"),
             link.sort=TRUE,link.decreasing=FALSE,
             link.arr.col=arr_col,
             directional=TRUE,direction.type=" arrows",
             link.arr.length=0.2,
             annotationTrackHeight=c(0.1,0.1))
```

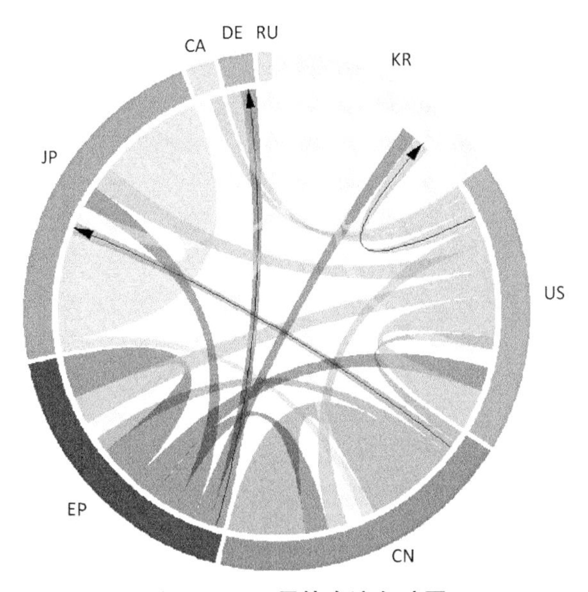

图 4-24　五局技术流向弦图

4.5.3 条形跑道图

还可以绘制条形跑道图。条形跑道图是由一组条形图在圆形区域依次展开，在外围利用弦图的刻度显示条形的数值，常用来展示技术主题占比或其他数值的占比，从而用形象的图表来显示申请人技术布局等应用领域。下面用 Circlelize 包进行条形跑道图的绘制。

代码 4-21 条形跑道图代码

```
library(openxlsx)
library(dplyr)
library(circlize)
mydata<-read.xlsx("F:\\R\\技术主题占比统计.xlsx",3)
mydata<-arrange(mydata,占比)
color=rev(rainbow(nrow(mydata)))
circos.clear()
circos.par("start.degree"=90,cell.padding=c(0,0,0,0))
circos.initialize("a",xlim=c(0,100))
circos.track(ylim=c(0.5,nrow(mydata)+0.5),track.height=0.8,
             bg.border=NA,
panel.fun=function(x,y)
    {
      xlim=CELL_META$xlim
      circos.segments(rep(xlim[1],nrow(mydata)),
1:nrow(mydata),rep(xlim[2],
nrow(mydata)),1:nrow(mydata),col="#CCCCCC")
circos.rect(rep(0,nrow(mydata)),1:nrow(mydata) - 0.45,
mydata$占比,1:nrow(mydata) + 0.45,col=color,border="white")
  circos.text(rep(xlim[1],nrow(mydata)),1:nrow(mydata),
```

```
paste(mydata$技术分支," - ",mydata$占比,"%"),
                facing="downward",adj=c(1.05,0.5),cex=0.8)
  breaks=seq(0,95,by=5)   #跑道刻度
  circos.axis(h="top",major.at=breaks,labels=paste0(breaks,"%"),
                    labels.cex=0.6)   #跑道刻度显示设置
      })
```

对上述绘图代码解释如下：

首先，导入数据处理包，并导入准备好的数据。用 head 函数查看数据结构：其分为两列，一列是技术分支名称，另一列是技术分支占比数值，这里采用如下所示的虚拟数据。

```
> head(mydata)
      技术分支   占比
1         形状     25
2     消音装置     35
3         刷体     45
4       电机罩     65
5         内壁     75
6         本体     85
```

color=rev(rainbow(nrow(mydata)))可设置跑道颜色变量，选择彩虹中的颜色，颜色的数量自动选择上述数据的行数。

接下来，对弦图进行初始化操作，用 circos.clear，circos.par，circos.initialize 进行弦图绘制的前期初始化工作。然后，用 circos.track 绘制条形跑道图，利用 circos.text 添加跑道图的文字注释部分，breaks=seq(0,95,by=5)用于设置跑道图外围弦图的刻度范围，circos.axis(h="top",major.at=breaks,labels=paste0(breaks,"%"),labels.cex=0.6)用于设置外围刻度的显示方式，分析人员可以自行改变跑道刻度范围值（见图 4-25）。

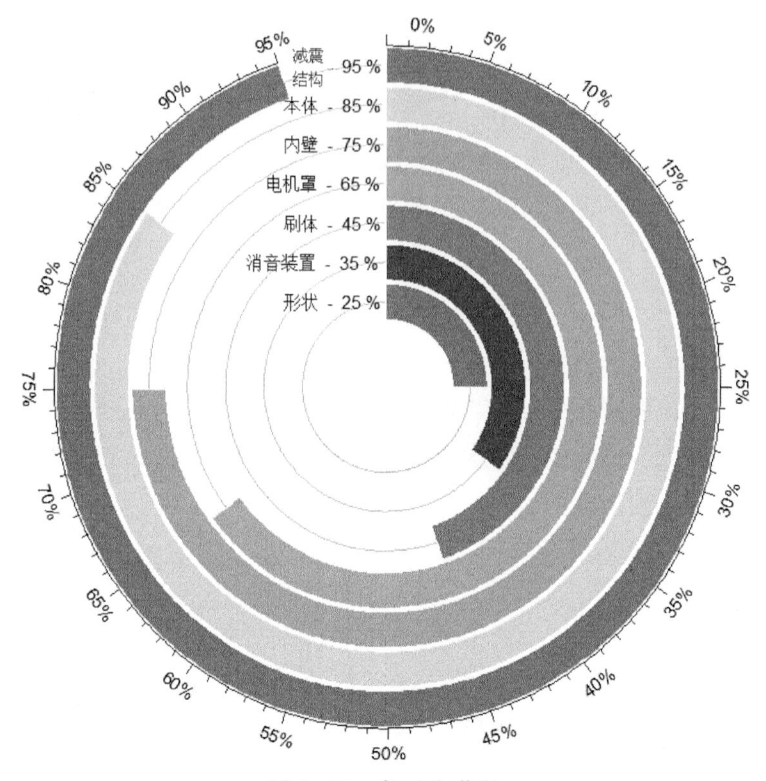

图 4-25　条形跑道图

读者在将上述代码移植到自行设计的条形跑道图中时只需要关注读取的数据行数。由于上述代码中利用 nrow（mydata）来自动获取读取数据的行数，即需要绘制的条形的个数，从而用不同的颜色进行区分，因此，上述代码具有较好的移植性。

4.6　专利地图的绘制

在专利分析中，经常涉及有关地域的分析，如需要分析国内不同省份的申请量数据，或者全球不同国家的申请量数据。此时固然可以用诸如条形图或柱形图等其他图形进行展示，但涉及地域的分析，最佳的数据可视化方案是将地域名称直接绘制在地图上，并通过相应的数据图标进行区分显示，这样就构成了专利地图。本节重点介绍几种常用的专利地图类型和制图方法，以供读者根据需要进行选择。

4.6.1 基于 baidumap 和 Remap 包绘制地图

Remap 包是 R 调用百度 api，基于 Echarts 做的地图，使用 svg 图形，生成一个 html 的图形。目前 Remap 包托管在 github 上，只能通过 devtools 包下载，下载安装 Remap 包的方式如下：

```
library(devtools)   #工具包
devtools::install_github('lchiffon/REmap')
library("REmap")
```

此外，在使用之前可以在百度地图开放平台申请并认证为个人开发者，获得 API 密钥，同时在 RStudio 中利用如下语句进行设置 api：options(remap. ak="你的 api")。

Remap 包共有 4 种函数：remap()，remapB()，remapC()，remapH()。remap()用于绘制迁徙地图；remapB()用于创建一个以百度地图为底图的 recharts 效果地图；reamapC()用于创建填充地图，根据子区域数值的多少进行深浅不同的颜色填充的地图形式；remapH() 用于绘制热力图。由于迁徙地图在专利领域应用较少，我们选择填充地图和热力地图进行专利地图制图。

1. remapC 绘制填充地图

填充地图根据子区域数值的多少进行颜色深度着色，可绘制的地图类型为中国地图、世界地图和中国省市地图，如江苏，上海等。我们给出上述 3 种地图类型的绘制代码。

例如，首先通过数据处理，获得某一专利数据集中地域的统计分析结果，如表 4-12 所示数据。然后，将上述地区的专利数量分布绘制到中国地图上，用不同颜色深度进行填充区分。代码如下：

表 4-12　中国地区专利数量

地域	数量
安徽省	546
北京市	895
福建省	102
甘肃省	2
广东省	689
广西壮族自治区	7
河南省	254
黑龙江省	6
湖北省	207
湖南省	4
吉林省	1
江苏省	789
辽宁省	4
内蒙古自治区	2
山东省	256
陕西省	3
山西省	1
上海市	965
四川省	369
台湾省	23
天津市	359

代码 4-22　填充地图代码

```
df<-read.xlsx("F:\\R\\sfdata.xlsx",1)
df1<-mutate(df,sf=str_sub(df[,1],1,2))
df2<-cbind.data.frame(df1$sf,df1$数量)
remapC(df2,
```

```
        title=" 中国地区申请数量" ,
        maptype=" China" ,
        color=c(" red" ," springgreen" ," orange" )
    theme=get_theme(theme=" Sky" ,backgroundColor=' white' ),
        mindata=1)
```

对代码解释如下：

首先，读取处理好的中国省份数据，其中包含两列数据，省份名称和该省专利数量。表 4-12 的数据结构已经符合绘制填充地图的要求。但是，上述数据中地区省份的名称与地图数据库中中国各省的名称并不相符，我们可以尝试用 citys<-mapNames(" China") 查看地图数据库中对各省的名称表达。因此，我们需要对上述数据做进一步处理：

```
df1<-mutate(df,sf=str_sub(df[ ,1],1,2))
df2<-cbind.data.frame(df1$sf,df1$数量)
```

增加一列数据，并提取原数据第一列的前两位值，并重新组合为新的数据框 df2。接下来，调用 remapC 函数，指定绘图数据，并对图表进行外观设置，如设置标题，填充色，配色主题，从而使整个图表美观协调。绘制出填充的中国地区专利数量图。

同样的，也可以制作世界地图填充图，给出如下制图代码：

代码 4-23　世界填充地图代码

```
data2<-read.xlsx(" C:\\R\\aaa.xlsx" ,2)
theme1<-get_theme(theme=" None" ,
                     lineColor=" white" ,
                     backgroundColor=" white" ,
                  titleColor=" black" ,
                     borderColor=" green" ,
```

```
                    regionColor=" gray" ,
                    labelShow=T,
                    pointShow=F,
                    pointColor=" gold" )
out<-remapC( data,maptype=" world" ,
             title=" 世界地图专利数量分布" ,
             theme=theme1,
             color=c( " red" ," springgreen" ," orange" ) )
plot( out)
```

对上述代码解释如下：

同样的，首先需要导入国别—专利数量数据。注意，这里的国别名称需要和系统内部的国别名称相吻合，否则地图上并无填充色。我们可以通过 country<-mapNames(" world") 语句获得所有国别的标准英文名称。得到如表 4-13 所示的国别专利数量数据表，然后调用 rmapC 函数，将参数传入函数中，设置填充色和配色主题，添加标题，并生成最终的填充世界地图。

表 4-13　国别专利数量数据

国别	数量
China	512
United States of America	896
Japan	489
South Korea	257
Australia	125
France	245
United Kindom	246
Germany	103

2. remapH 绘制热力图

除了用填充图反映各省专利数据之外，还可以用热力图进行展示，下面给出省份城市热力图制图代码，我们以江苏省地图为例进行说明。

代码 4-24　热力图代码

```
cities<-mapNames("江苏")
city_Geo<-get_geo_position(cities)
patentnum<-runif(13,min=1,max=100)
data_js<-data.frame(city_Geo[,1:2],patentnum)
theme1<-get_theme(theme="None",
                  lineColor="White",
                  backgroundColor="white",
                  titleColor=" blue ",
                  borderColor="blue",
                  regionColor="gray",
                  labelShow=T,pointShow=T,pointColor="gold")
Hotmap<-remapH(data_js,
               maptype="江苏",
               title="江苏省市域专利数据热力图",
               theme=theme1,
               blurSize=35,
               color=c('blue','cyan','lime','yellow','red'),
               minAlpha=1,
               opacity=1)
```

对代码解释如下：

绘制热力图对数据结构的要求与填充图不同：填充图对数据结构的要求是数据框为两列，一列为地名，一列为数值；而热力图需要 3 列数据，前两列是表征地域的纬度值和经度值，第三列是表示地域的数值变量。因此，需要首先获得地域名称，然后用 get_geo_position( ) 函数获得表征地域名称的纬度值和经度值，将整合后的数据框保存为 data_js 并在随后赋值给 remapH。

此外，为了能更好地显示热力图，需要做一下基础设置。用 get_theme 函数对图表主题做基础设置，将主题配色方案设为 theme = "None"，然后自定义背景色、标题色以及地域边界线等。将修改的主题配色方案保存为变量 theme1，并在随后赋值给 remapH。blurSize 为热力效果的泛化范围，可调整热力点中心的扩散程度；color 为热力的渐变颜色；minAlpha 为热力点的展示阈值，对应 data 中的 prob 列，作图时各点密度会对比 minAlpha，以凸显不同密度所展示的不同热力分布；opacity 为透明度，调整热力图的透明度。

最后，在做好上述设置后，调用 remapH，传入设置好的参数，并绘制江苏省区域专利数据的热力图。

4.6.2 专利地图与其他图表的结合

1. 中国地图叠加气泡图

在专利分析中，我们有时需要利用地图作为背景，呈现有关数据变量。例如，针对国内申请分析时，我们在分析省份专利数量时，常常使用地图+气泡图进行直观的展示。本部分首先给出地图气泡图绘制方法。制图代码如下：

代码 4-25　中国地图叠加气泡图代码

```
library(ggplot2)
library(openxlsx)
library(maptools)
library(mapproj)
library(dplyr)

china_map<-rgdal::readOGR("F:\\R\\地图绘制\\中国地图源数据 \\
bou2_4p.shp")
```

```
china_map1<-fortify(china_map)
df1<-read.xlsx("F:\\R\\地图绘制\\工作簿1.xlsx",1)
ggplot()+
  geom_polygon(data=china_map1,aes(x=long,y=lat,group=group),
fill="grey95",colour="grey60")+
  geom_point(data=df1,aes(x=jd,y=wd,size=数量,fill=数量,alpha=
0.3),shape=21)+
  scale_size_area(max_size=10)+        #按面积计算
  coord_map("polyconic") +
  scale_fill_gradient2(low="orange",mid="green",high="red",
                      midpoint=median(na.omit(df1$数量)))+
  geom_text(data=df1,aes(x=jd,y=wd,label=df1$数量),vjust=-0.2,
hjust=-0.5,size=3)+
  theme(
    panel.grid=element_blank(),
    panel.background=element_blank(),
    axis.text=element_blank(),
    axis.ticks=element_blank(),
    axis.title=element_blank(),
    legend.position="none"
  )
```

代码解释：

首先，载入数据处理需要的函数包，然后导入整理好的数据。这里的数据总共有两份，一份是中国地理信息中心提供的中国地图数据包，另一份是中国国内申请省份专利数量表。通过 head 函数，查看整理后的数据结构。

```
> head(china_map1)
```

	long	lat	order	hole	piece	id	group
1	121.4884	53.33265	1	FALSE	1	0	0.1
2	121.4995	53.33601	2	FALSE	1	0	0.1
3	121.5184	53.33919	3	FALSE	1	0	0.1
4	121.5391	53.34172	4	FALSE	1	0	0.1
5	121.5738	53.34818	5	FALSE	1	0	0.1
6	121.5840	53.34964	6	FALSE	1	0	0.1

head (df1)

	province	city	jd	wd	数量
1	北京	北京	116.4667	39.90000	789
2	上海	上海	121.4833	31.23333	856
3	天津	天津	117.1833	39.15000	365
4	重庆	重庆	106.5333	29.53333	256
5	黑龙江	哈尔滨	126.6833	45.75000	100
6	吉林	长春	125.3167	43.86667	NA

整理好数据后，使用 geom_polygon( )多边形函数来定义并填充地图背景。其中，fill 参数指定地图区域颜色，colour 参数指定多边形，也就是地区轮廓线边框颜色，然后通过 geom_point( )函数添加散点图图层。

图层中指定数据源为省份专利数量数据，用专利数量来映射散点面积(大小)，气泡图颜色用数量来映射，当给散点指定其形状后，散点就有了面积属性可以使用 fill 进行颜色填充，气泡的轮廓线用 colour 来指定。

之后的 scale_size_area( )和 scale_fill_gradient2( )是对前面 geom_point 内的 fill 与 size 两个标度进行的深度调整，scale_size_area( )控制散点大小与面积要严格的与具体数值大小成比例，并规定面积最大为 10。

scale_fill_gradient2( )定义了一个三色渐变，low、mid、high 分别由一个颜色代码控制，同时均值颜色要映射给指标 2 的平均数。

最后的 ggtitle 定义主题，theme 内的参数清除掉所有图层上的无关元素（背景、网格系统、横纵轴标签、刻度线、轴标题、图例）。

2. 世界地图叠加气泡饼图

由于专利分析经常涉及有关同族和多国申请量、技术分支的分析，因此地理信息可视化中有关世界地图的使用非常频繁。如前所述，除了需要将世界地图按国别进行申请量填充之外，还需要将其他图表叠加到世界地图上。下面将给出世界地图叠加气泡饼图的制图方法，首先给出如下制图代码：

代码 4-26　世界地图叠加气泡饼图代码

```
library(ggplot2)
library(openxlsx)
library("maptools")
library(scatterpie)
library(maps)
library(ggthemes)
mydata<-read.xlsx("F:\\R\\地图绘制\\工作簿 2.xlsx",1)
mydata$country<-as.factor(mydata$country)
value<-names(mydata)[5:7]
mydata<-mutate(mydata,radius=(技术分支 A+技术分支 B+技术分支 C)^
(1/3))
world<-map_data('world')
ggplot(world,aes(long,lat,group=group)) +
  geom_polygon(fill="grey95",color="grey") +
  geom_scatterpie(data=mydata,aes(x=Longitude,y=Latitude,group=
country,r=radius),cols=value,color=NA,alpha=.8) +
  coord_equal() +
  theme_hc()
```

对上述代码解释如下：

首先，导入需要使用的函数包。需注意的是，scatterpie 是用于绘制气泡饼图的 ggplot2 的扩展包，maps 是用于绘制世界地图所用的函数包，内含世界地图数据，使用 maps 包避免了较为繁琐的世界地图数据包的下载和数据格式的转换，使用效率高。

导入所需绘图的原始数据，该数据结构中需要包括城市名以及城市的经纬度，以此来定位气泡饼图在地图上的位置。此外，还需要将需要用饼图展示的数据分列显示。本数据实例中，用技术分支 A，技术分支 B，技术分支 C 分别代表各个国别在 3 个分支中的专利申请量分布。我们用 head( ) 函数查看导入的数据结构。

```
> head(mydata)
      country   capital   Longitude   Latitude  技术    技术    技术
                                                分支A   分支B   分支C
1       China   beijing  116.407394   39.90420   200     230     56
2       Japan     Tokyo  139.691711   35.68949   300     156    263
3 South Korea     Seoul  126.977966   37.56654   150      62     64
4     Germany    Berlin   13.404954   52.52001    86      22     88
5      France     Paris    2.352222   48.85661    93      89     18
6   Australia  Canberra  149.130005  -35.28094    45      96     36
```

由于 geom_scatterpie 函数需要使用分组变量，需要将数据源中的国别变量进行因子化，转换因子，作为后续分组的依据。此外，还需要将饼图绘图中的数据进行处理，value<-names(mydata)[5:7]语句将饼图数据整合为 value 值，将作为后续绘图时的参数。气泡大小用申请量总量开三次方的值来决定。至此，完成了数据处理，接下来开始绘图。

world<-map_data('world')语句用来生成一张世界地图，ggplot(world,aes(long,lat,group=group))+geom_polygon(fill="white",color="grey")语句将世界地图进行基本的颜色设置，geom_scatterpie(data=mydata,aes(x=Longitude, y = Latitude, group = country, r = radius), cols = value, color = NA, alpha = .8)语句用于绘制气泡饼图，并将相应的气泡饼图放置在相应的经纬度对应的位置上。最后设置一下图表主题，即完成了世界地图气泡饼图的绘制。

4.7　利用 NetworkD3 包制图

在专利数据可视化领域中，关系网络数据可视化是一个热门研究领域，通过将关系网络数据用节点和连线的方式进行展现是关系网络数据的重要表现形式。R 语言中，选择 NetworkD3 包来实现关系网络数据的可视化。NetworkD3 包基于流行的可视化库——D3. JS 构建，还可以和 R 中常见的网络可视化包如 network、igraph 等连用，支持管道操作符%>%和 ggplot2 语法，是一个非常灵活的网络可视化包。本节将展示利用 NetworkD3 包绘制的申请人合作关系力导图、网络图等图。

4.7.1　力导图

1. 简单力导图

简单力导图即为用节点和连线的形式来展示申请人合作关系，节点表示申请人，连线表示申请人之间的合作关系，我们可以通过点击某个节点，展示与该节点有联系的节点，并将其他无关的节点隐去，从而构成动态可交互的力导形的图表。下面给出简单力导图制图代码，然后对代码进行解释。

代码 4-27　简单力导图代码

```
library(networkD3)
library(openxlsx)
library(dplyr)
mydata<-read.xlsx("C:\\Users\\FangZhouying\\Documents\\申请人合作关系统计.xlsx",1)
```

```
simpleNetwork ( mydata, linkDistance = 50, fontSize = 7, linkColour = " #
009900" ,
nodeColour = " #0000CC" ,
                    opacity = 0.8 , zoom = T )
```

对上述代码解释如下：

从上述制图代码我们可以看出，绘制简单力导图的过程非常简单，首先整理好申请人合作关系数据，并导入整理好的数据，用 head( ) 函数查看导入的数据结构：

```
> head ( mydata )
        申请人_1   合作申请人     合作专利数量
1           博世       西门子               56
2           莱克         美的               65
3           美的       科沃斯               52
4           美的         莱克               23
5           日立         松下               98
6           三菱         日立               48
```

然后，调用 simpleNetwork( ) 函数绘制简单力导图，利用该函数将制图数据传入第一个参数，该函数自动识别导入数据中的前两列，并分别将第一列作为源数据，第二列作为目标数据，然后用连接线将两个节点连接。同时还可以设置节点颜色、连线颜色、透明度、以及鼠标滚轮缩放启用等其他参数，最终得到简单力导图（见图 4-26）。

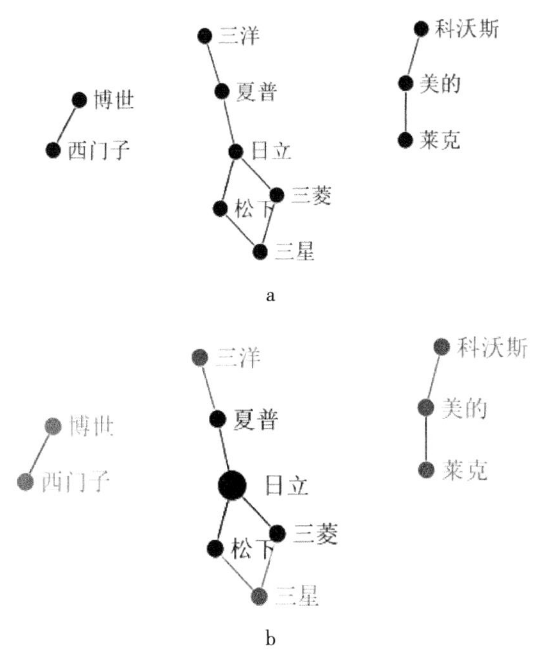

图 4-26　简单力导图

两幅力导图中，上方为原始力导图，下方为点击日立节点后系统筛选的与日立有关联的节点。此外从上述力导关系网络图中，还可以得出，日韩的合作关系较为紧密，而中国国内 3 家清洁领域申请人之间也有合作，德国的博世和西门子之间有合作关系。从节点整体连接关系来看，日韩为一组，德国为一组，中国为一组，而 3 组之间并没有合作关系。从右侧筛选状态的力导图中，可以直接看出与日立有合作关系的申请人。从上述分析中可以看出，利用力导关系图反映申请人之间的合作关系是很好的选择。

细心的读者可能已经发现，导入的上述数据 mydata 中，还含有申请量数据，但制图代码中并没有用到该数据变量。因此，上述力导连线上并没有反映出申请量的关系，希望用连线的粗细来表示申请量数据的大小，并用颜色区分不同类别的申请人之间的合作关系，这就需要绘制增强力导关系图。

2. 增强力导图

增强力导图是在简单力导图的基础上，通过参数优化来实现的。在绘制增强力导图之前，我们需要首先准备好绘图的数据。由于力导图是通过节点和连线关系来反映数据之间的联系，其绘图的基本元素是边和节点，因此，我们在绘制增强力导图时，我们需要提供两个数据集：节点数据集和边数据集。下面首先给出两个数据集，并对数据集做简单说明。

节点数据集的格式如下：其包括节点名称（name），节点所在的组别（group），节点大小（size），以及节点的编号（id）。值得注意的是，节点编号从0开始编号。

	name	group	size	id
1	博世	1	10	0
2	美的	2	15	1
3	日立	3	18	2
4	三菱	3	20	3
5	松下	3	26	4
6	西门子	1	36	5

边数据集的格式如下：其包括节点的起点source，目标点target，数值大小value；边数据集中的起点和目标点数值代表了节点的编号，其和节点数据集一一对应。例如，下列边数据集中的第1条记录，source=0，target=5对应的是博世和西门子。

	source	target	value
1	0	5	56
2	10	1	65
3	1	7	52
4	1	10	23

```
5	2	4	98
6	3	2	48
```

在整理好上述数据结构之后，用 networkD3 包中的 forceNetwork（）函数进行增强力导图制图。具体制图代码如下：

代码 4-28　增强力导图代码

```
library(networkD3)
library(openxlsx)
library(dplyr)
mydata1<-read.xlsx("C:\\R\\申请人合作关系统计.xlsx",5)
mydata2<-read.xlsx("C:\\R\\申请人合作关系统计.xlsx",6)
mydata1<-mutate(mydata1,value2=sqrt(value))
ColourScale<-'d3.scaleOrdinal()
            .domain(["1","2","3"])
           .range(["#FF6900","#3333FF","#00CC00"]);'
forceNetwork(Links=mydata1,#边数据集
              Nodes=mydata2,#节点数据集
              Source="source",#边数据集中起点对应的列
             Target="target",# 边数据集中终点对应的列
             NodeID="name",# 节点数据集中节点名称对应的列
             Value="value2",# 边数据集中边的宽度对应的列
             Nodesize="size",# 节点比例大小
              radiusCalculation="Math.sqrt(d.nodesize)+6",#节点绝对
大小
             fontSize=20,#字体大小
             Group="group",
             opacity=0.8,# 所有节点初始透明度
```

```
charge=-50,# 节点斥力大小(负值越大斥力越大)
fontFamily=" 黑体" ,#字体
linkDistance=80,#连接线的长度
opacityNoHover=1,# 鼠标没有停留时其他节点名称的透明度
arrows=F,#连线是否添加箭头,显示方向
zoom=T,#是否允许图像缩放
legend=TRUE,#是否显示图例
height=600,#设置图像高度
width=600,#设置图像宽度
bounded=T,# 图是否有边界
colourScale=JS(ColourScale))
```

对代码解释如下:

首先,导入数据处理包,并导入整理好的数据。为了使数据连线更美观,将数值变量进行开方运算,并作为制图中的连线粗细表征值。

接下来,调用 forceNetwork 函数,并对参数进行基本的设置,使其更美观简洁。其中有关参数名对应的设置图表效果已经在代码中用#号进行了说明,需要说明的是,在调用 forceNetwork 函数之前,还给出了 ColourScale 的设置方式,即语句 ColourScale<-' d3. scaleOrdinal().domain(["1","2","3"]).range(["#FF6900","#3333FF","#00CC00"]);' 其为用 D3 脚本编写的网络分组颜色设置语句,在 forceNetwork 函数中,通过 colourScale=JS(ColourScale)调用方式,将颜色设置值传入图表中。

从上述函数参数设置中可以看出,forceNetwork 函数提供的图表参数还是很丰富的,诸如字体颜色、字体、鼠标悬停透明度、整体透明度、是否显示箭头等,分析人员可以根据实际需要进行设计,使图表更为美观(见图 4-27)。

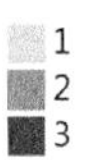

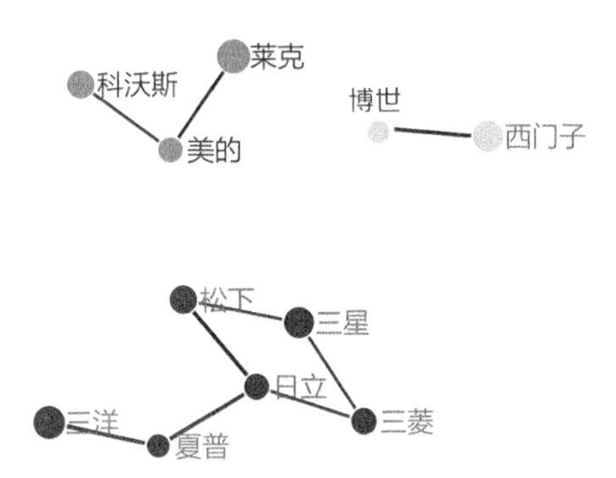

图 4-27　增强力导图

由于上述图均为动态可交互式图，通过如下语句可以将制作好的图表生成 HTML 格式的网页版动态图供阅读浏览，即直接在 forceNetwork 函数末尾添加下列语句%>% saveNetwork(file = ' Net2.html')，将绘制好的增强力导图作为第一个参数传入 saveNetwork 函数中，并给函数命名，即可生成 HTML 格式的图表进行保存和分享。

本例中，使用的数据仍然是简单力导图中的数据，如果申请人合作关系较为复杂，可采用如图 4-28 所示的 forceNetwork 函数绘制的较为复杂的网络关系增强力导图。

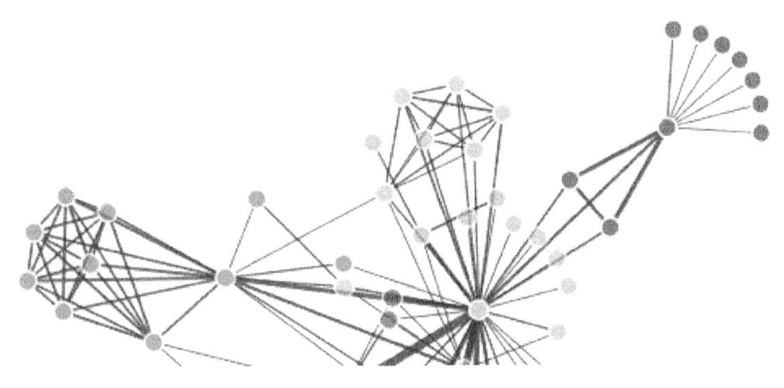

图 4-28　复杂关系网络力导图

其绘制方法与上例相同，只是原始数据不同，只要根据 forceNetwork 函数的数据结构整理好绘图数据即可利用代码快速生成上述增强力导图。

4.7.2 网络图

NetworkD3 包除可以绘制力导图之外，还可以绘制网络图。下面将介绍利用 NetworkD3 包绘制放射状网络图和对角线网络图的具体方法。

1. 放射状网络图

放射状网络图常用来表征专利文献引用情况、发明人团队关系图谱等。在此利用虚拟的专利文献数据来绘制专利文献引用关系的放射状网络图。首先给出绘图代码：

代码 4-29　放射状网络图代码

```
library(networkD3)
CiteDocumentS<-list(name=" A47L",
children=list(list(name=" US1",children=list(list(name=" US2"))),
              list(name=" CN1",children=list(list(name=" CN2"))),
              list(name=" EP1",children=list(list(name=" EP2"))),
              list(name=" JP1",children=list(list(name=" JP2"))),
              list(name=" DE1",children=list(list(name=" DE2"),
list(name=" DE3"))),
list(name=" GB1",children=list(list(name=" GB2"),
list(name=" GB3"))),
             list(name=" KR1",children=list(list(name=" KR2"))),
             list(name=" AU1",children=list(list(name=" AU2"))),
             list(name=" EP4",children=list(list(name=" EP5"))),
             list(name=" NL3",children=list(list(name=" NL4"))),
             list(name=" EP6",children=list(list(name=" EP7"))),
             list(name=" FR3",children=list(list(name=" FR5"),
```

```
list(name=" FR6"))),
                list(name=" GB56" ,children=list(list(name=" CN43")))
))
radialNetwork(List=CiteDocumentS,fontSize=20,nodeColour=" #00E5EE" ,
linkColour=" #00EEEE")
```

对代码解释如下：

首先，载入 NetworkD3 数据包。然后用 list 建立父节点和子节点，用 name 函数建立父节点，用 children 函数建立子节点，在同一个父节点下可以建立多个并列子节点。重复上述节点建立操作，建立好数据节点，命名为 CitedDocuments（见图 4-29）。

CiteDocumentS	list [2]	List of length 2
name	character [1]	'A47L'
children	list [13]	List of length 13
[[1]]	list [2]	List of length 2
name	character [1]	'US1'
children	list [1]	List of length 1
[[1]]	list [1]	List of length 1
name	character [1]	'US2'
[[2]]	list [2]	List of length 2
name	character [1]	'CN1'
children	list [1]	List of length 1
[[1]]	list [1]	List of length 1
name	character [1]	'CN2'
[[3]]	list [2]	List of length 2
name	character [1]	'EP1'
children	list [1]	List of length 1
[[1]]	list [1]	List of length 1
name	character [1]	'EP2'

图 4-29　CiteDocumnet 数据结构

然后调用 radialNetwork( ) 函数，将建立好的数据赋值给 list 函数，并设置字体大小和颜色，系统立即生成放射状网络图，如图 4-30 所示。

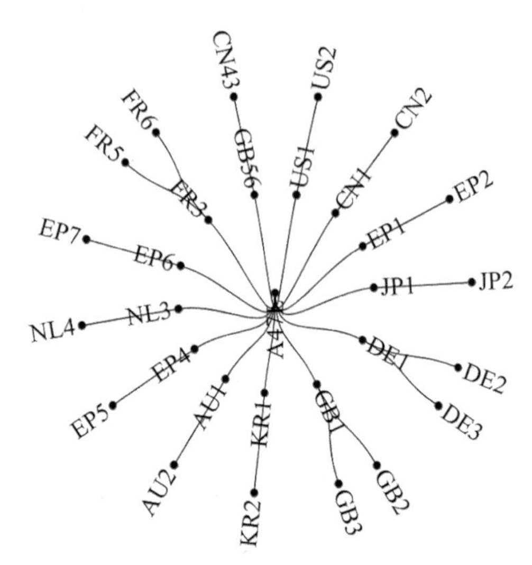

图 4-30　放射状网络图

2. 对角线网络图

对角线网络图的绘制方法和放射状网络图基本相同，绘图所需的数据结构与上例也一致，不同之处在于绘图函数名不同，对角线网络图的制图函数为 diagonalNetwork。因此，上述代码中，将 radialNetwork 语句替换为语句 diagonalNetwork(List = CiteDocumentS, fontSize = 20, opacity = 1.0, nodeColour = "#00CC00", linkColour = "#0080FF") 即可绘制出对角线网络图，如图 4-31 所示。

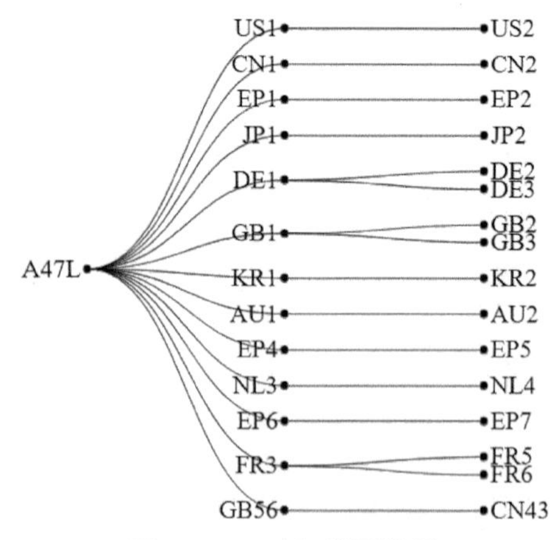

图 4-31　对角线网络图

4.8 小结

本章，我们针对每个制图包的特点，选择专利分析中常用的数据可视化图进行代码化。由于 ggplot2 是一种基于图层语法进行制图的工具，对分析人员掌握数据可视化思维很有帮助。因此，结合专利分析实例场景，主要演示了 ggplot2 包在柱形图、折线图、气泡图领域的应用。此外，还利用 Highcharter 包在圆环类图的优良表现，选择圆环类图表、极坐标图表、热力图进行呈现。在专利分析领域，经常遇到涉及时间的分析，Dygraphs 包是绘制交互式时序图的较好选择，可以通过滑动块实现坐标轴的缩放，从而帮助分析人员挖掘更深层次的数据信息。

弦图是这几年在专利分析领域逐渐流行的分析图表，主要用于分析两个变量之间的相互作用关系。因此，选择申请人合作关系分析和五局技术流向分析，并给出了用弦图实现的代码范例。此外，本书还基于弦图包给出了可移植的条形跑道图的绘制方法，读者可以根据实际分析需求进行使用。

因为专利分析经常涉及地域分析，因此，地理信息可视化是专利分析中非常重要的组成部分。本章中还给出了专利地图分析的代码范例，重点研究了中国地图和世界地图的绘制方法，并结合其他图表进行叠加地图的绘制。

最后，还给出了利用 NetworkD3 包绘制力导图和网络图的基本方法，利用 NetworkD3 包我们可以很轻松地绘制复杂关系力导图以及网络图，从而用直观的图形语言展示申请人合作关系等方面的数据。

本章基本涵盖了专利分析中常用的一些图表，由于数据可视化是一件非常具有创造性的工作，本书不能例举所有专利分析图表。读者在掌握本章知识以后，可以将 R 语言数据可视化思想应用到实际分析中，开发设计属于自己的数据可视化方案。

第5章　专利数据挖掘与建模

5.1　本章概述

数据挖掘与建模属于人工智能（AI）技术领域范畴，也是近年来“互联网+”时代下的热门技术。数据挖掘是从大量数据中挖掘出隐含的、先前未知的、对决策有潜在价值的关系、模式和趋势，并用这些知识和规则建立用于决策支持的模型，提供预测性的决策支持的方法、工具和过程。随着云时代的到来，大数据已经渗透到每个行业，逐渐成为重要的生产要素，而专利分析领域同样面临着如何挖掘海量专利数据的现实需求。本章从专利分析实际需求出发，力求探索将AI技术应用到专利分析中来，从而改造传统的数据分析工作模式，实现专利分析的智能化。

数据挖掘与建模的应用范围广阔，新的技术、新的算法层出不穷，各有千秋。本书编者在学习当前数据挖掘与建模技术的基础上，将有关人工智能的算法引入专利分析领域，探索出智能化的专利分析方法，从而进一步拓宽专利分析的范畴。

本章选择了3种数据挖掘与建模场景进行介绍，结合当前专利价值评估方向进行算法的利用，并在此基础上，给出算法的评价结果。总的来说，本章包含如下重点知识：

- 变量主成分分析（PCA）在专利分析变量降维中的应用：利用主成分分析法可以使得在面临多变量专利分析统计时选择影响决策的主要变量进行分析，从而降低分析维度。
- 聚类分析在无监督学习的专利价值评估中的应用，主要涉及K-means

算法。利用 K-means 算法实现专利价值评估和分类，从而可以帮助分析人员快速识别专利价值，锁定潜在高价值专利。

- 分类预测在有监督学习的专利价值评估中的应用，主要涉及人工神经网络算法（ANN）、支持向量机算法（SVM）、朴素贝叶斯算法（Naive Bayesian）。利用监督学习算法进一步改进专利价值分类评估方法，通过建立适当的分析模型从而提高专利价值分类评估的准确性。

读者在学完本章知识以后，可以将上述算法迁移运用到具体的专利分析场景中，并在此基础上进一步拓宽 AI 算法在专利分析中的应用，从而用智能化的手段解决新的专利分析问题。

5.2 数据挖掘基础

5.2.1 数据挖掘的基本任务

从宏观方面来说，数据挖掘的任务主要分为以下几类：分类与预测、聚类分析、关联分析、时序模型、偏差分析。利用上述几大类数据挖掘方法，可以实现基于数据驱动（Data Driven）的管理，挖掘数据背后隐藏的商业或技术价值，从而帮助企业提高竞争力。

下面对上述几种数据挖掘方法进行简要概述：

（1）分类与预测：分类（Classification）是找出一个类别的概念表述，它代表了该类数据的整体信息，我们用这种表述信息构建模型，一般是用规则或决策树模式表示。简言之，分类是利用训练数据集通过一定的算法而求得分类规则。与此相配合的还有预测（Predication），其是指基于历史数据，找出其变化规律，建立相应的模型，并藉由此模型对未来的数据种类及特征进行预测，从而使分析人员掌握事件的发展规律。

（2）聚类分析：聚类（Clustering）是把现有数据按照一定的规则归纳为若干类别，同一类中的数据彼此相似，不同类的数据彼此各异。通过聚类分析，我们可以掌握数据的宏观概况，发现数据的分布模式以及可能的数据属性之间的相互关系。

（3）关联分析：关联（Association）是指两个或两个以上变量的取值之间存在某种规律性。关联规则的挖掘是数据库中一类重要的数据挖掘任务。关联分析就是从大量数据集中发现变量之间的关联关系，从而描述一个事物中某些属性同时出现的规律和模式。

（4）时序模型：在时序模型（Time-series Pattern）中，按时间顺序排列一组变量。时序分析的任务即为给定一个被观测的时间序列，预测该序列的未来值。与回归分析一样，其同样也是利用已知的数据预测未来数据，但不同的是，这些数据的变量所处的时间不同。

（5）偏差分析：偏差（Deviation）中包含了很多有用的知识，数据库中的数据存在很多异常值，在大数据中发现数据异常值具有非常重要的意义。如在管理和预警中，管理者更感兴趣的是那些异常值，偏差分析的基本方法就是寻找观察结果与参照之间的差别。

本书从专利分析角度出发，选择部分数据挖掘方法并将其应用到专利分析中来，力求更进一步挖掘专利数据所隐含的信息，帮助专利分析人员拓宽专利分析的范畴。

5.2.2 数据挖掘建模的过程

数据挖掘建模的过程是对 R 语言数据处理、数据可视化的综合运用，从流程上来看，主要包括如下几个步骤：

（1）定义挖掘目标：针对具体的数据挖掘应用需求，首先要明确我们要挖掘什么。因此，必须要清楚的了解每种挖掘任务的目标和效果，并结合实际专利分析需求进行选择。

（2）数据采集：在明确数据挖掘目标之后，需要进行的是数据采集。既可以采集全部数据，也可以对全部数据进行抽样采集。在进行数据采集时，需要注意的是，要保证数据采集的质量，即数据的可靠性和有效性，确保数据规模能够满足后续建模分析使用，避免出现以偏概全的情形，从而得出错误的结论。

（3）数据处理：采集完数据之后，需要对数据做基本的预处理，使其符合模型处理的数据结构，如数据降维，数据筛选、变量类型转换、缺失值处理，数据合并、数据标准环等。通过基本的数据处理，对数据中的噪声、不完整、不一致的情况进行清洗，从而改善数据质量，提高后续模型准确度。

（4）挖掘建模：在经过数据采集和数据处理之后，接下来就进入数据挖掘建模环节。根据实际的专利分析应用场景（是分类预测任务，还是聚类分析任务）选择合适的算法进行数据挖掘。

（5）模型评价：从上一步中，得到建模过程中的一系列分析结果，接下来需要对得到的分析结果进行评价，从中选择最好的一个模型，并对该模型进行解释和应用，从而完成最终的数据挖掘任务。

本章接下来将按照上面几个环节，对专利分析中可以用到的数据挖掘场景给出应用范例。读者可以在此基础上举一反三，将更多的数据挖掘算法应用到具体的专利分析中。

5.3　变量主成分分析

5.3.1　问题背景

在专利分析中，有时我们面临着数据变量过多、过于复杂的情形。例如，获取了一个专利数据集，其有 20 个变量，如何快速获取这 20 个变量中所蕴含的交互关系呢？或者说，当需要利用这些变量进行专利分析时，应该选择哪些变量作为主导分析结果的变量，如何从众多复杂变量中，删繁就简，探索出简化的、可信任的分析变量作为我们分析时重点考虑的变量？

主成分分析法（PCA）是一种数据降维技术，它能将大量相关变量转化为一组很少的不相关变量，而这些独立变量就成为主成分。例如，用 PCA 将 20 个可能存在冗余的相关变量，抽象成 5 个不相关的成分变量，并且基于这 5 个变量可以尽可能地保留原始数据集的信息。

例如，需要考量一组专利的价值属性，收集并获取了一组数据的 16 个可量化的变量，类型如下：专利度、独权度、方法度、特征度、引用数、自引用数、非自引用数、引用公司数、被引用数、影响因子、被自引用、非被自引用数、被引用公司数、被引用国家数、同族数、同族国家数。在利用上述数据分析之前，需要思考：上述 16 个变量之间是否存在某种隐含关系？在进行专利价值属性考量时，是否需要将上述 16 个变量都纳入考虑范畴？是否可以对上述变量进行一定的简化，从中抽取可表征数据集信息的部分变量作为分析的主要抓手？答案是肯定的。本节将利用 PCA，对类似上述分析情形进行数据降维，提取主成分。

5.3.2 主成分分析方法

R 的基础安装包中提供了 PCA 分析的函数 princomp( )。此外，安装包 psych 中也提供了可供 PCA 分析的函数，与基础函数相比它提供了更为丰富有用的选项。

PCA 分析的目标是用一组较少的不相关变量代替大量相关变量，同时尽可能保留初始变量的信息，这些推导所得的变量称为主成分，它们是观测变量的线性组合。

例如，第一主成分为 $\mathrm{PC}_1 = a_1X_1 = a_2X_2 + \cdots + a_kX_k$，它是 k 个观测变量的加权组合，对初始变量集的方差解释性最大。第二主成分也是初始变量的线性组合，对方差的解释性排第二，同时与第一主成分正交（不相关）。

主成分分析方法的主要步骤如下：

①数据预处理：这是进行数据挖掘建模之前必备的数据处理步骤，主要是将数据整理规范，处理缺失值，统一数据格式。PCA 分析中，所有数据需为数值型变量。

②判断要选择的主成分数目。

③选择主成分。

④计算主成分得分。

下面以一组具体的专利数据为例，给出专利分析领域主成分分析方法的具体步骤。

数据集 PatentPCA 中包含了一组从 Patentics 客户端导出的专利数据，其包含 2201 个观测，16 个变量（见表 5-1）。

表 5-1　主成分分析数据变量说明

变量	描述	变量	描述
专利度	权利要求个数	引用公司数	引用公司的专利数量
独权度	独立权利要求个数	被引用数	被引用的次数
方法度	方法权利要求个数	影响因子	专利影响程度
特征度	独立权利要求技术特征个数	被自引用	被本申请同一申请人引用次数
引用数	引用其他专利的个数	非被自引用数	非被本申请同一申请人引用次数
自引用数	同一专利申请人引用的该专利次数	被引用公司数	被引用的公司申请人个数
非自引用数	非同一申请人引用的该专利次数	被引用国家数	被引用的国家个数
同族数	同族专利的个数	同族国家数	同族专利的国家数

目标是将上述 16 个变量进行简化，利用较少的变量反映上述 16 个变量所代表的数据集信息。因此，遇到的第一个问题是，需要划分几个主成分？

1. 判断主成分个数

判断主成分个数的方法有很多，最常用的是基于特征值方法进行，使用 Cattell 碎石图进行检验，其表示了特征值与主成分数目的关系。一般的原则是：要保留的主成分的个数的特征值要大于 1 且大于平行分析的特征值。实际分析时，用 fa. parallel( ) 函数，可以同时对 3 种特征值判别准则进行评价。代码如下：

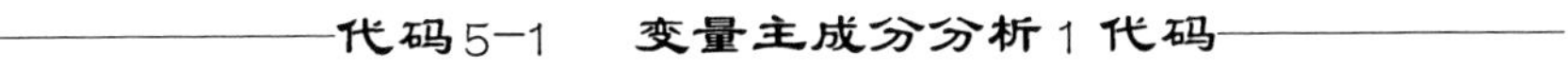
代码 5-1　变量主成分分析 1 代码

```
library(psych)
library(openxlsx)
sourcefile<-read.xlsx('.\\建模数据汇总.xlsx',1)
```

```
PatenPCA<-dplyr::select(sourcefile,"专利度":"同族国家数")
PatenPCA$影响因子<-as.numeric(PatenPCA$影响因子)
pv_pca<-fa.parallel(PatenPCA[,1:16],fa="pc",n.iter=100,show.legend
=FALSE)
```

代码生成的图形如图5-1所示，其展示了碎石图（直线与x符号）、特征值大于1准则（水平线）和100次模拟的平行分析（虚线）。可以看出选择5个主成分即可保留数据集的大部分信息。下一步是使用principal()函数挑选出相应的主成分。

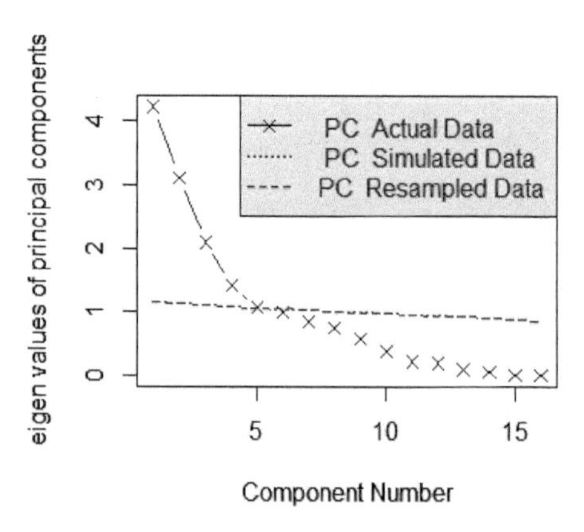

图5-1　主成分分析碎石图

2. 提取主成分

接下来，挑选出5个主成分。psych函数包中的principal()函数可以根据原始数据矩阵或者相关系统矩阵做主成分分析。代码如下：

代码5-2　变量主成分分析2代码

```
library(psych)
p2<-principal(PatenPCA[,1:16],nfactors=5)
p2
Principal Components Analysis
```

Call：principal(r=PatenPCA[,1:16],nfactors=5)

Standardized loadings (pattern matrix) based upon correlation matrix

	RC1	RC2	RC4	RC3	RC5	h2	u2	com
专利度	0.03	0.07	0.22	0.79	0.18	0.71	0.294	1.3
独权度	0.01	−0.02	0.05	0.65	0.10	0.43	0.568	1.1
方法度	0.09	−0.02	0.02	0.77	−0.11	0.61	0.390	1.1
特征度	0.14	0.07	0.05	−0.27	−0.59	0.45	0.552	1.6
引用数	0.01	0.99	0.00	0.04	0.00	0.99	0.011	1.0
自引用数	−0.06	0.51	0.16	−0.12	−0.07	0.31	0.688	1.4
非自引用数	0.03	0.95	−0.05	0.08	0.02	0.91	0.094	1.0
引用公司数	0.00	0.97	−0.04	0.04	0.00	0.94	0.065	1.0
被引用数	0.89	−0.01	0.10	−0.05	0.39	0.96	0.040	1.4
影响因子	0.89	−0.04	0.07	−0.01	0.25	0.87	0.132	1.2
被自引用	0.51	0.02	0.19	−0.14	0.68	0.78	0.220	2.1
非被自引用数	0.91	−0.04	−0.04	0.07	−0.11	0.86	0.143	1.1
被引用公司数	0.88	−0.02	−0.01	0.09	−0.21	0.83	0.171	1.1
被引用国家数	0.63	0.06	0.35	0.12	−0.13	0.55	0.447	1.8
同族数	0.06	0.02	0.91	0.12	0.03	0.85	0.151	1.0
同族国家数	0.14	0.04	0.91	0.13	0.05	0.87	0.126	1.1

	RC1	RC2	RC4	RC3	RC5
SS loadings	3.92	3.10	1.92	1.81	1.17
Proportion Var	0.24	0.19	0.12	0.11	0.07
Cumulative Var	0.24	0.44	0.56	0.67	0.74
Proportion Explained	0.33	0.26	0.16	0.15	0.10
Cumulative Proportion	0.33	0.59	0.75	0.90	1.00

Mean item complexity=1.3

```
Test of the hypothesis that 5 components are sufficient.

The root mean square of the residuals (RMSR) is 0.07
with the empirical chi square 2424.64 with prob <0

Fit based upon off diagonal values=0.95
```

从上述运行结果来看，RC1~RC5栏表示5个主成分，每栏的数据包含了成分载荷，其是指观察变量与主成分的相关系数；h2栏值为成分公因子方差，即主成分对每个变量的方差解释度；u2栏指成分唯一性，即方差无法被主成分解释的比例。ss loadings包含了与主成分相关联的特征值，Proportion Var表示的是每个主成分对整个数据集的解释程度。从代码运行结果可以看出，第一主成分解释了16个变量的24%的方差，5个主成分总共解释了73%的方差。

3. 获取主成分得分

利用prinpical函数，我们可以很容易地获得每个变量在该主成分上的得分，从而作为后续数据挖掘建模使用的模型数据。代码如下：

代码5-3　变量主成分分析3代码

```
library(psych)
p3<-principal(PatenPCA[,1:16],nfactors=5,score=TRUE)
head(p3$scores)
    RC1         RC2         RC4         RC3         RC5
1   -3.272035   -3.3594612  -2.0871660  -1.9834782  0.24200042
2   -2.810593   -3.1460129  0.9651889   -0.8322122  0.33216526
3   -3.203534   -3.2979272  -1.9514578  -1.6449179  0.13522280
4   -2.401258   0.1594883   4.3796041   1.5443896   0.75690208
5   -3.224340   -3.3273804  -2.0340124  -1.9177791  0.10377396
6   -1.589280   -3.1445883  -1.3189248  -1.3462321  0.01547288
```

p3 $ loadings

Loadings:

	RC1	RC2	RC4	RC3	RC5
专利度			0.218	0.787	0.179
独权度				0.648	
方法度				0.767	−0.110
特征度	0.143			−0.271	−0.590
引用数		0.993			
自引用数		0.512	0.163	−0.116	
非自引用数		0.946			
引用公司数		0.965			
被引用数	0.890		0.102		0.393
影响因子	0.892				0.255
被自引用	0.509		0.191	−0.141	0.681
非被自引用数	0.915				−0.110
被引用公司数	0.882				−0.208
被引用国家数	0.628		0.353	0.115	−0.129
同族数			0.911	0.118	
同族国家数	0.143		0.912	0.134	

	RC1	RC2	RC4	RC3	RC5
SS loadings	3.916	3.096	1.924	1.806	1.165
Proportion Var	0.245	0.193	0.120	0.113	0.073
Cumulative Var	0.245	0.438	0.559	0.671	0.744

5.4 聚类分析

5.4.1 问题背景

以专利分析领域中的专利价值评估为例，引出聚类分析在专利分析领域中的应用。

例如，现有一批专利，并从专利数据库获得了该批专利的相关变量参数，以 Patentics 客户端为例，可以获得量化的专利数据变量，类型如下：专利度、独权度、方法度、特征度、引用数、自引用数、非自引用数、引用公司数、被引用数、影响因子、被自引用、非被自引用数、被引用公司数、被引用国家数、同族数、同族国家数。针对上述获得的数据，如何从这些变量数据中挖掘这些数据的类别特征，并对这些专利从专利价值角度给出区分，划分出高价值专利、中等价值专利、低质量专利，从而快速识别并找出感兴趣的专利。聚类分析正是解决这类问题的方法，下面将演示如何将聚类分析方法应用到专利价值评估领域，并给出相关的 R 语言代码。

5.4.2 K-means 聚类分析

1. 算法概述

聚类分析是在没有给定划分类别的情况下，根据数据相似度进行数据样本分组的一种方法。与分类模型需要使用有类标记样本构成训练数据不同，聚类模型可以建立在无类标记的数据上，广义上来说，是一种非监督学习算法。

聚类算法输入的是一组未被标记的样本，聚类算法根据数据自身的距离或相似度将它们划分为若干组，划分的原则是组内距离最小化，而组间（或称组外）距离最大化。

常用的聚类分析方法有 K-Means 算法、K-中心点法、Clarans 算法等。R 语言中均有相应的函数包来实现具体的算法。本部分将以最流行的 K-Means

算法为例进行专利价值分类。

在正式利用 K-Means 算法之前，有必要来简单了解一下 K-Means 算法的原理。K-Means 算法是一种典型的基于距离的非层次聚类算法，在最小化误差函数的基础上将数据划分为预定的类数 K，采用距离作为相似性的评价指标，即认为两个对象的距离越近，其相似度越大。

聚类分析的算法过程如下：

①从 N 个样本数据中随机选取 K 个对象作为初始聚类中心。

②分别计算每个样本到各个聚类中心的距离，将对象分配到距离最近的聚类中。

③所有对象分配完成后，重新计算 K 个聚类的中心。

④与前一次计算得到的 K 个聚类中心比较，如果聚类中心发生变化，转②，否则转⑤。

⑤当质心不发生变化时，停止并输出聚类结果。

聚类的结果可能依赖于初始聚类中心的随机选择，导致结果偏离全局最优分类，在具体操作中，为了得到较好的结果，可以以不同的初始聚类中心，多次运行 K-Means 算法，以期得到最优分类结果。

2. K-Means 算法实现专利价值分类

接下来，将基于 K-Means 算法实现专利价值的分析。在 R 语言中，K-Means 算法的函数包为 stat，为 R 语言基础安装包，执行 K-Means 函数的函数名为 kmeans ( )。

聚类算法的数据挖掘编程逻辑如下：数据获取—数据处理—数据建模—结果分析—调整参数结果寻优。在 R 语言中代码同样遵循如下数据挖掘的一般思路。以下是 K-Means 算法实现专利价值分类的代码。

代码 5-4　K-Means 聚类算法代码

```
#载入数据处理包
library(openxlsx)
library(dplyr)
```

```
library(tidyr)
library(ggplot2)
library(ggthemes)
#设置文件地址位置
setwd("F:\\R")
#导入原始数据文件
sourcefile<-read.xlsx('.\\建模数据汇总.xlsx',1)
#选择聚类的变量
mfile<-dplyr::select(sourcefile,"专利度":"同族国家数")
#数据预处理,聚类的变量需为数值型变量
mfile$影响因子<-as.numeric(mfile$影响因子)
#对各列数据进行标准化
sfile<-scale(mfile[,1:16])
#执行聚类算法,聚类数量设置为3类
result<-kmeans(sfile,3)
  #查看聚类结果
  type<-as.data.frame(table(result$cluster))
  type<-rename(type,类别=Var1,数量=Freq)
  data2<-mutate(sourcefile,聚类结果=result$cluster)
#中心值转置
data3<-as.data.frame(t(result$center))
colnames(data3)<-paste("class",1:3,sep="")
  p<-names(mfile[,1:16])
  data3<-data.frame(index=p,data3)
  data4<-gather(data3,class1:class3,key="class",value="center")

#数据输出
  wb<-createWorkbook()   #Creat new   XLSX file
```

```
addWorksheet(wb," 聚类数据" )
addWorksheet(wb," 聚类结果" )
addWorksheet(wb," 聚类参数" )

writeData(wb," 聚类数据" ,data2)
writeData(wb," 聚类结果" ,type)
writeData(wb," 聚类参数" ,data3)

saveWorkbook(wb,file=" K-Means 聚类统计分析 .xlsx" ,overwrite=
TRUE)
openXL(" K-Means 聚类统计分析 .xlsx" )
#聚类分析图表  聚类结果条形图输出
ggplot(type,aes(类别,数量,fill=类别,label=数量))+
  geom_bar(stat=" identity" ,position=" dodge" )+
  theme(axis.ticks.length=unit(0.5,' cm' ))+
  ggtitle(" K-Means 聚类算法专利价值分析" )+
  geom_text(aes(y=数量),position=position_dodge(0.9),hjust=0,
vjust=-0.5)+
  theme_hc()

#聚类参数指标情况,观察各分类在各个指标上的数值
ggplot(data4,aes(x=index,y=center,fill=class)) +
  scale_y_continuous(limits=c(-1,3)) + geom_bar(stat=" identity" ) +
  facet_grid(class ~ .) + guides(fill=FALSE) + theme_bw()

#聚类类别雷达图,观察各分类在各个指标上的分布
  library(fmsb)
  max<-apply(result$centers,2,max)
```

```
min<-apply(result$centers,2,min)
data.radar<-data.frame(rbind(max,min,result$centers))
radarchart(data.radar,pty=32,plty=1,plwd=2,vlcex=0.7)
# 给雷达图加图例
L<-1.2
for(i in 1:3)
  {
  text(1.8,L,labels=paste(" --class",i),col=i)
  L<-L - 0.2
  }
```

对上面的代码进行详细解释：

首先，载入数据处理需要的函数包，并导入原始数据，选择需要聚类分析的变量。这里我们共选择16个变量，分别为：专利度、独权度、方法度、特征度、引用数、自引用数、非自引用数、引用公司数、被引用数、影响因子、被自引用、非被自引用数、被引用公司数、被引用国家数、同族数、同族国家数。

需要对上述数据进行预处理，将全部变量转化为数值型变量。用str()函数查看数据框结构，导入的影响因子变量为字符型，因此，需要对该变量进行数值化。mfile$影响因子<-as.numeric(mfile$影响因子)语句即为执行变量数值化。

为了避免不同数据变量自身的差异对聚类结果的影响，需要将数据进行标准化处理。常用的标准化方法有z标准化、最大最小标准化。用scale()函数，这是一个通用函数，默认方法是对一个数值矩阵的列进行中心化或缩放。语句sfile<-scale(mfile[,1:16])即为执行数据标准操作。到这里，已完成数据获取和数据预处理。接下来，可以对数据进行聚类分析了。kmeans(sfile,3)即为执行对数据的聚类分析，类别数可以根据实际分析需求进行设置，这里选择聚成3类，即默认专利价值分为3类，高、中、低3个档次，聚类后的结果

保存在 result 变量中，供后续统计分析使用。

下面，需要查看并统计分析聚类的结果。用 table 函数对聚类结果 result $ cluster 进行统计，并将聚类的结果合并到原始数据集中作为 data2。更进一步，想要观察聚类结果中各个变量的聚类中心值，作为专利价值分析判断的依据，将数据存储到 data3 中，并对 data3 进行一些基本的数据结构变换，主要为变量重命名、数据框由宽转长，从而作为后续制图的数据源。可选择的是，我们将上述处理好的数据输出到外部 EXCEL 文件中，并打开该 EXCEL 文件。

接下来，可以绘制 3 张图表，用来对聚类结果进行数据可视化。首先，是聚类结果条形图，从图 5-2中可以看出，K-Means 算法对该样本的聚类结果如下：第 1 类为 933 件，第 2 类为 1094 件，第 3 类为 174 件。

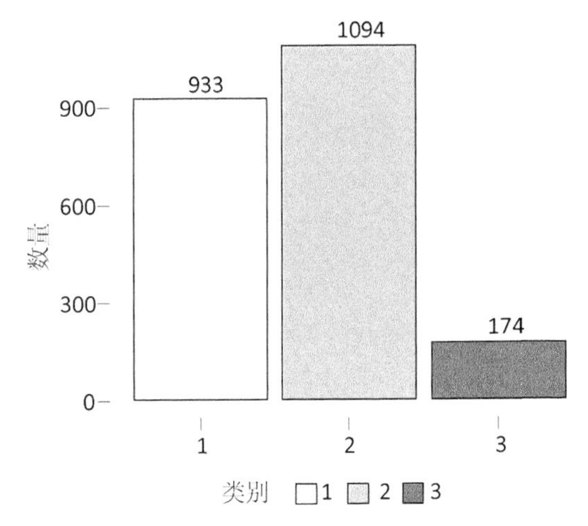

图5-2　K-Means 聚类结果条形图

需要观察每个聚类的数据指标分布情况，因此绘制聚类结果分面图，从图5-3可以看出，聚类类别 3 在方法度、独权度、专利度、同族国家数、同族数、被引用国家数、被引用公司数、非被自引用、被自引用、影响因子、引用数这几个指标上均具有聚类的最大值，而在特征度上具有聚类的最小值。根据上述指标的定义，可以断定，聚类类别 3 属于专利价值“高”的等级。此外，从聚类结果数量上也侧面印证了上述聚类结果，因为高价值专利数量总是占少数。

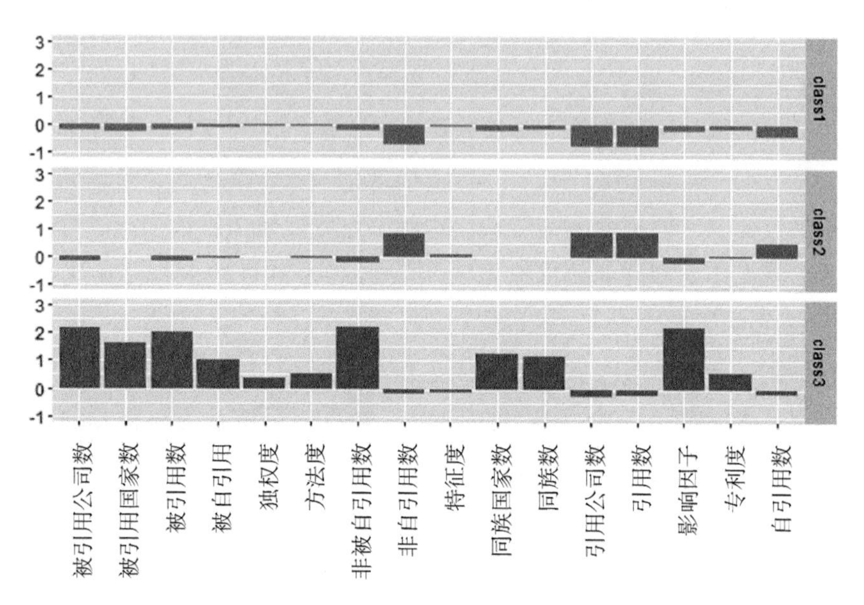

图 5-3　K-Means 聚类结果分面图

而类别 1 在特征度、引用数、自引用数、非自引用数、引用公司数几个指标上具有聚类组别的最大值，在专利度，同族国家数、同族数的指标上都远小于类别 3，但是大于类别 2。我们推断，类别 1 即为专利价值中的具有中等价值的专利。

那么剩下的类别 2，其仅在特征度上拥有较高的数值，而在其他指标上，均处于最小值范围附近，这正好符合低质量专利的特征属性。有理由推断，该类别 2 即为专利价值中的低质量专利。

为了使上述数据分析更为直观，绘制图 5-4所示的雷达图，将每个指标的最小值和最大值作为雷达图的坐标范围，将每个聚类类别的指标中心值绘制在雷达图上。可以明确地看出，雷达图反映的聚类分析结果与前述条形图结果完全一致，这进一步印证了分析结果的正确性。

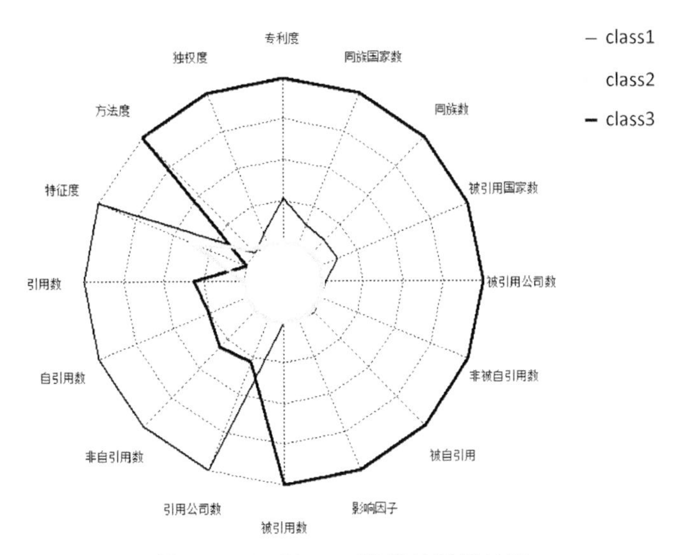

图 5-4　K-Means 聚类结果雷达图

最后，需要指出的是，本节中 K-Means 聚类算法，仅对数据样本进行 3 类聚类，读者可结合实际专利分析需求，进行聚类种类的设置。此外，还可以将上述代码编制成函数，将聚类种类设为函数的形式参数，从而形成可外部调用的函数包。分析人员只需输入聚类种类，即可快速得到聚类结果，并对结果进行可视化分析。读者在本节代码的基础上可以继续加以改进，感兴趣的读者可以自行研究。

5.5　分类与预测分析

5.5.1　问题背景

分类与预测是数据挖掘领域非常重要的一种手段，分类是构造一个分类的模型，输入样本的属性值，输出对应的类别，将每个样本映射到预先定义好的类别。分类模型建立在已有类别标记的数据集上，因此分类属于有监督的学习。而预测是建立在两种或以上的变量之间的函数关系，然后进行预测和控制。

分类预测算法的实现过程主要分为如下3个步骤：首先，给出n个具有类别标记的训练样本，利用分类算法，建立分类模型得到训练规则；然后，我们利用剩下的k个同样具有类别标记的数据集作为检测样本，测试建立的分类规则的准确性；最后，当上述检测样本的输出值准确度符合预期时，可以用建立好的分类模型来对未知类别标记的样本进行预测，从而对未知样本数据进行机器自动分类。

在掌握分类预测算法的基本原理之后，可以将分类预测算法应用到专利分析领域。设想如下的应用场景：事先人工阅读一批专利，并同时对该批专利的专利价值给出等级分类，如分为高、中、低3档。同时得到该批专利的可量化指标数据，希望据此建立该批专利的分类模型，并校验该模型的准确度。当其满足分析需求时，希望用该模型来对后续其他分析场景的专利价值直接给出等级划分，从而帮助快速找出高价值专利，提高专利分析工作效率。

分类预测算法正是解决上述问题的经典方法，下面将选择几种主流的分类预测算法进行专利价值等级的分类预测。选择人工神经网络算法、朴素贝叶斯算法和支持向量机算法进行专利价值分类预测，便于读者举一反三，比较每种算法的优劣，并掌握不同的分类预测算法。

5.5.2 人工神经网络算法

1. 人工神经网络基本概念

人工神经网络（Artificial Neural Network，ANN）类似于生物神经元结构，ANN将神经元定义为中央处理单元，其执行数学运算以从一组输入生成一个输出，神经元的输出是输入的加权加上偏差的函数，整个神经网络的函数仅仅是对所有神经元的输出的计算。从本质上来看，ANN是一组数学函数的逼近。现对神经网络的有关术语做简单介绍。

如图5-5所示，任何一个神经网络均具有输入层（Input Layer），用来接受输入数据。执行处理的中间层，也成为隐含层（Hidden Layer），输出构成输出层（Output）。ANN中权重是表征每个神经元对另一个神经元的影响的数值参数，权重乘以输入再加起来形成输出。激活函数是将输入转换为输出的数学函数，并提升网络的处理能力，激活函数赋予神经网络某种非线性特性，使其成为真正的通用函数逼近器。

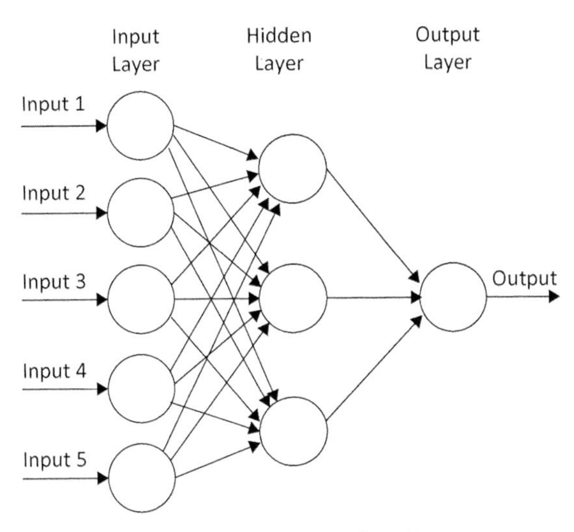

图 5-5　人工神经网络结构图

训练神经网络是向网络提供一些样本数据并修改权重以更好的接近所需函数的行为，主要分为有监督学习和无监督学习。有监督学习包含输出，无监督学习则只提供输入。

神经网络从输入层到隐含层，然后再到输出层的处理过程称为前向传播，在每一层施加输入 * 权重+偏差，然后将激活函数值传播到下一层。一旦到达输出，将计算误差，利用该误差来纠正前向传播中使用的权重和偏差，利用反向传播不断改变权重，直到误差最小化，完成网络计算，输出结果。

2. 人工神经网络的评估指标

针对人工神经网络的准确性，给出其评估指标，主要用于在测试阶段检测预测值是否等于实际值。在神经网络评估中，常用的评估方法是混淆矩阵法。

当分类的值绘制在一个 n×n 矩阵中时，这个矩阵称为混淆矩阵（Confusion Matrix），所有的评估指标均可以从混淆矩阵中推导得出。以下以二值分类模型（见表 5-2）为例进行说明。

表 5-2 混淆矩阵的定义

	预测值	预测值
实际值	TRUE	FALSE
TRUE	TP	FN
FALSE	FP	TN

模型准确度定义为：$ACC = \frac{TP + TN}{P + N} = \frac{TP + TN}{TP + TN + FP + FN}$，利用混淆矩阵还可以定义诸如真阳性、真阴性比率等模型评估指标。此外，还可以利用 ROC（受试者工作特性）曲线来分析模型的性能，读者可参考有关神经网络书籍进行网络评估。

3. 人工神经网络实现专利价值分类预测

在了解了神经网络基本概念和网络评估指标之后，开始着手利用神经网络进行专利价值分类预测。

在 R 语言中实现人工神经网络的函数包有 nnet、neuralnet，选择 neuralnet 包实现神经网络算法。代码如下：

代码 5-5 人工神经网络算法代码

```
library(openxlsx)
library(dplyr)
library(tidyr)
library(neuralnet)

setwd("F:\\R\\R 语言神经网络")
sourcefile<-read.xlsx('.\\建模数据.xlsx',1)
set.seed(1234)

sourcefile$影响因子<-as.numeric(sourcefile$影响因子)
max_data<-apply(sourcefile[,2:17],2,max)
```

```
min_data<-apply(sourcefile[,2:17],2,min)
data_scaled<-scale(sourcefile[,2:17],center=min_data,scale=max_data - min_data)
trueclass<-as.numeric(factor(sourcefile$等级,levels=c("高","中","低")))
data_scaled<-cbind(sourcefile[,2:17],trueclass)

index<-sample(1:nrow(sourcefile),round(0.70*nrow(sourcefile)))
train_data<-as.data.frame(data_scaled[index,])
test_data<-as.data.frame(data_scaled[-index,])

n<-names(train_data)
f<-as.formula(paste("trueclass ~",paste(n[!n %in% "trueclass"],collapse=" + ")))
net_data<-neuralnet(f,data=train_data,hidden=5,linear.output=TRUE)
predict_net_test<-compute(net_data,test_data[,1:16])
predict_net_test$net.result<-sapply(predict_net_test$net.result,round,digits=0)
my_table<-table(test_data$trueclass,predict_net_test$net.result)
net_ratio<-sum(diag(my_table))/sum(my_table)
my_table
net_ratio
```

现对上述代码解释如下：

首先，导入数据处理需要的函数包，人工神经网络函数包为 neuralnet，然后设置文件路径，并导入需要分类预测的原始专利数据表，设置随机数种子，避免多次运行导致的结果不一致。

接下来，需要对导入的数据进行一些基本处理，通过 str( ) 函数，观察导入的数据框的数据结构。由于建模需要所有的数据均为数值型变量，将影响因子变量转化为数值型。为避免数据度量值标准的不一致对建模结果的影响，需要将数据进行标准化处理，这里进行最大—最小值标准化处理，即语句 data_scaled<-scale(sourcefile[,2:17],center=min_data,scale=max_data - min_data)。

最后，将专利价值等级列进行因子化处理，并组合到标准化后的数据框中，完成数据的预处理。即语句 trueclass<-as. numeric(factor(sourcefile $ 等级,levels =c("高","中","低")))，data_scaled<-cbind(sourcefile[,2:17],trueclass)。

然后，将样本数据分为两组，70% 用于训练，30% 用于测试，即语句 index<-sample(1:nrow(sourcefile),round(0. 70 * nrow(sourcefile)))，分别得到 train_data 和 test_data。也可以根据实际样本大小，调整用于训练的数据集和用于测试的数据集。此外，还需要设置 neuralnet 函数的输入结构，neuralnet 输入数据的形式为 y~x1+x2+x3，因此，事先利用变量名生成输入的结构形式为 f 变量。即语句 f<-as. formula(paste(" trueclass ~",paste(n[! n %in% " trueclass"],collapse=" + ")))。

当处理完上述步骤后，正式调用神经网络算法 net_data<-neuralnet(f,data =train_data,hidden = c(5),linear. output = TRUE)。设置隐含层为 5 层，linear. output 设为 TRUE(TRUE 为用于回归,FALSE 为用于分类)。在实际分析中，隐含层数量的设置需要多次试验，并根据最终结果的准确度来不断调整。需要指出的是，neuralnet 包，同样可以实现深度神经网络（DNN）的学习，只要将 hidden=5 改成“hidden=c(4,2)”，即为具有两层隐含层的神经网络，至于如何选择隐含层数量，这里给出一般的隐含层数量的选择指导：①大量的神经元可能对训练数据造成过拟合，而不能很好地泛化。②每个隐含层的神经元的个数应该接近输入层的神经元个数，可能是二者的均值。③每个隐含层的神经元的个数不应超过输入层神经元个数的两倍，否则可能导致严重的过拟合。

用 plot(net_data)绘制神经网络图像。当 hidden=5，绘制单隐层神经网络图像如图 5-6所示。

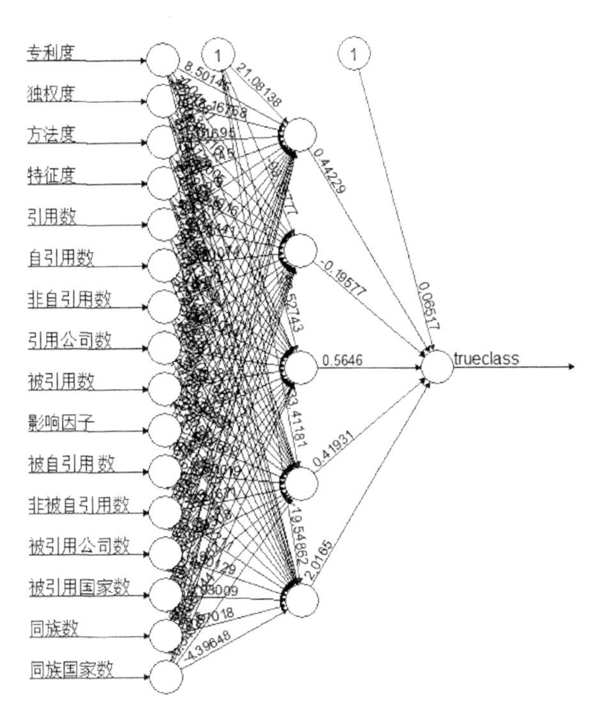

图 5-6　专利价值评估单隐层神经网络模型

当 hidden=c(4,2)，绘制深度神经网络如图 5-7 所示：

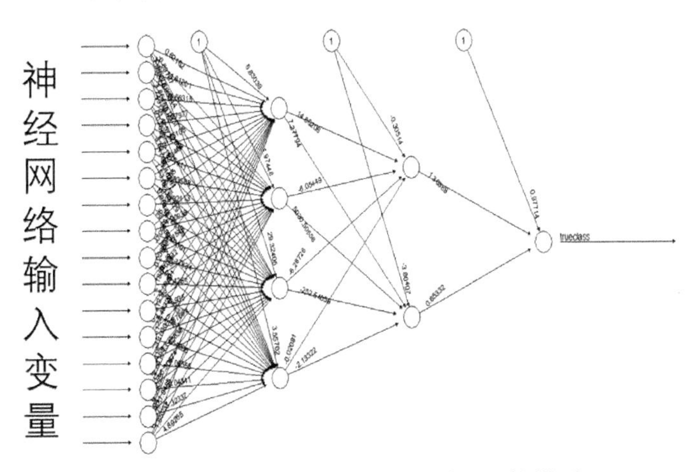

图 5-7　专利价值评估双隐层神经网络模型

接下来，需要利用上述神经网络进行测试。将分配好的测试数据集导入模型 predict_net_test<-compute(net_data,test_data[,1:16])，观察输出值的情况，网络的输出值保存在 net.result 变量中。

这里需要将输出进行四舍五入［predict_net_test $ net.result<-sapply(predict_net_test $ net.result,round,digits=0)］。

然后，利用 table 函数建立混淆矩阵，观察结果的准确度［my_table<-table(test_data $ trueclass,predict_net_test $ net.result)，net_ratio<-sum(diag(my_table))/sum(my_table)］。

当选择单隐层神经网络时，其预测结果如下：

```
> my_table
      1     2     3
1     0     6     18
2     0     20    53
3     4     33    526
> net_ratio
[1] 0.8272727
```

当选择 hidden=c(4,2)，建立深度神经网络模型时，其预测结果如下：

```
> my_table
      1     2     3
1     0     7     17
2     3     31    39
3     3     60    500
> net_ ratio
[1] 0.8045455
```

可以看出，基于当前的数据，采用单隐层网络预测结果略优于深度神经网络。如果我们对模型的预测结果满意，则可以将该模型部署到其他新的数据集上，实现专利价值的分类预测工作；如果对上述结果不满意，需要进一步调整模型。调整的方向主要有：扩大训练数据集、调整模型输入变量、选择合适的隐含层神经元数量或者更换其他神经网络模型算法包。本书不再选择其他神经网络进行演示，感兴趣的读者可以自行研究。

5.5.3　支持向量机算法

1. 支持向量机算法概述

支持向量机，因其英文名为 support vector machine，故一般简称 SVM。通俗来讲，它是一种二类分类模型，其基本模型定义为特征空间上的间隔最大的线性分类器。其学习策略便是间隔最大化，最终可转化为一个凸二次规划问题的求解。

由于 SVM 涉及大量最优化及统计学概念，本书不对此做过多深入介绍，感兴趣的读者可以参考相关书籍。但仍然需要了解 SVM 的基本概念，以便于更好的将其应用到专利分析领域中。

下面以一个简单例子来简要阐述 SVM 的数据挖掘功能。如图 5-8所示，现在有一个二维平面，平面上有两种不同的数据，分别用圈和叉表示。由于这些数据是线性可分的，所以可以用一条直线将这两类数据分开，这条直线就相当于一个超平面，超平面一边的数据点所对应的 y 全是 -1，另一边所对应的 y 全是 1。

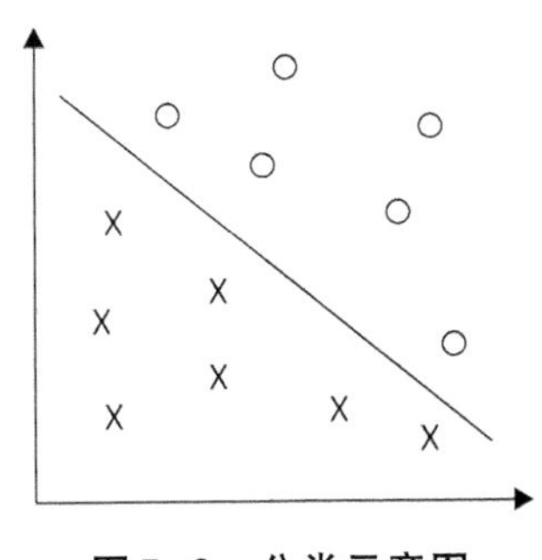

图 5-8　分类示意图

这个超平面可以用分类函数 $f(x)=w^{T}x+b$ 表示，当 $f(x)$ 等于 0 的时候，x 便是位于超平面上的点，而 $f(x)$ 大于 0 的点对应 $y=1$ 的数据点，$f(x)$ 小于 0

的点对应 $y=-1$ 的点，如图 5-9所示：

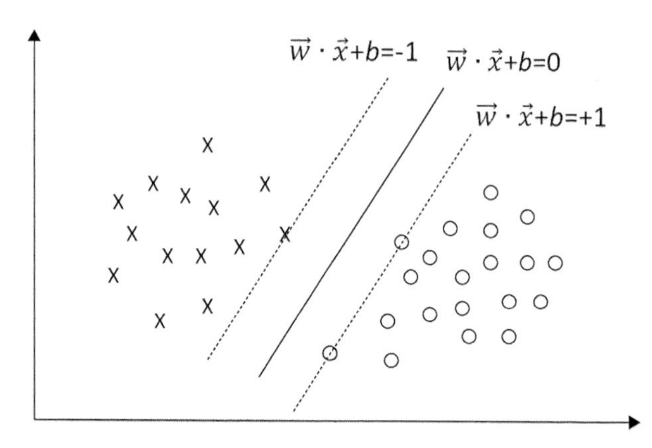

图 5-9　支持向量机分类算法示意图

换言之，在进行分类的时候，遇到一个新的数据点 x，将 x 代入 $f(x)$ 中，如果 $f(x)$ 小于 0 则将 x 的类别赋为-1，如果 $f(x)$ 大于 0 则将 x 的类别赋为 1。

接下来的问题是，如何确定这个超平面呢？从直观上而言，这个超平面应该是最适合分开两类数据的直线。而判定“最适合”的标准就是这条直线离直线两边的数据的间隔最大。所以，我们的目的在于寻找有着最大间隔的超平面，而支持向量机正是一种寻找具有最大间隔超平面的方法。

R 语言中支持向量机算法我们主要用到了 e1071 包里面的 svm 函数，其形式为：svm(formula,data,type,kernel,degree,gamma,coef,nu)。有关 e1071 包的使用手册，读者可参考 CRAN 官网中关于 e1071 包的用户手册，查找相关参数的定义，本书不对此做过多介绍。

2. 基于 SVM 算法实现专利价值的二分类预测

在了解了 SVM 算法的基本作用之后，可以将 SVM 算法应用在专利价值分类预测领域。我们仍然以上一节人工神经网络算法中的数据集为例进行演示。代码如下：

代码 5-6　SVM 算法代码

```
library(openxlsx)
library(dplyr)
library(tidyr)
library(e1071)

setwd("F:\\R\\支持向量机算法")
sourcefile<-read.xlsx('.\\建模数据.xlsx',1)
sourcefile$影响因子<-as.numeric(sourcefile$影响因子)
set.seed(123)
mfile<-dplyr::select(sourcefile,"专利度":"同族国家数","等级")
trueclass<-factor(mfile$等级,levels=c("高","中","低"))
mdata<-cbind(mfile[,1:16],trueclass)

index<-sample(1:nrow(mfile),round(0.70*nrow(mfile)))
train_data<-as.data.frame(mdata[index,])
test_data<-as.data.frame(mdata[-index,])

mysvm<-svm(train_data[,1:16],train_data[,17],type="C-classification",cost=10,kernel="radial",probability=TRUE,scale=FALSE)
pred<-predict(mysvm,test_data[,1:16],decision.values=TRUE)
mysvm_table<-table(true=test_data[,17],predict=pred)
mysvm_ratio<-sum(diag(mysvm_table))/sum(mysvm_table)
mysvm_table
mysvm_ratio
```

下面对代码进行解释：

首先，需要导入数据处理包，SVM 算法在 R 语言中的函数包为 e1071。

然后，导入整理好的数据集，并将数据集中非数值型变量转化为数值型，设置随机数种子，避免多次运行前后结果的不一致。然后提取需要参与分类预测的数据变量，并对类别变量进行因子化处理。

接下来，将处理好的数据按 70%：30% 比例划分，70% 用于训练，30% 用于测试。在完成上述数据处理步骤之后，调用 svm 函数利用支持向量机算法进行数据分类，即上述代码段中的核心代码：mysvm<-svm(train_data[,1:16],train_data[,17],type="C-classification",cost=10,kernel="radial",probability=TRUE,scale=FALSE)。

svm()函数中 type 可取的值有 C-classification、nu-classification、one-classification、eps-regression 和 nu-regression 这 5 种类型中。前三种是针对字符型结果变量的分类方式，其中第三种方式是逻辑判别，即判别结果输出所需判别的样本是否属于该类别；而后两种则是针对数值型结果变量的分类方式。kernel 参数有 4 个可选核函数，分别为线性核函数、高斯核函数（radial）、多项式核函数及神经网络核函数。其中，高斯核函数与多项式核函数被认为是性能最好、也是最常用的核函数，选择高斯核函数进行分类。

待模型训练完以后，用刚才准备好的测试数据，来测试模型的准确性。pred<-predict(mysvm,test_data[,1:16],decision. values=TRUE)即为用测试数据集进行模型测试，最后用 table 函数输出混淆矩阵，并计算模型准确度。模型运行结果如下：

```
> mysvm_table
      predict
true   高    中    低
高     0     1     32
中     2     4     62
低     3     11    545
> mysvm_ratio
  [1] 0.8318182
```

可以看出，SVM 算法整体准确率在 83% 左右，其中，SVM 算法对低质量申请的预测准确度较好，而对高、中质量的申请预测准确度较低。究其原因，主要是由于原始数据集中关于高、中的数据集数量较少，分配到训练数据集中的高、中等级数据明显少于低等级数据，因此，将会导致模型在预测高、中等级上出现较大偏差。

5.5.4　朴素贝叶斯算法

1. 朴素贝叶斯算法简介

上面用人工神经网络算法和支持向量机算法对专利价值分类预测进行了应用实例展示，下面给出朴素贝叶斯算法的专利价值分类预测方法。在此之前，我们对朴素贝叶斯算法进行简单介绍。

朴素贝叶斯算法也是一种常用的分类算法。朴素贝叶斯中的“朴素”一词的来源就是假设各特征之间相互独立。这一假设使得朴素贝叶斯算法变得简单，但有时会牺牲一定的分类准确率。属性之间相关性越大，分类误差也就越大。

朴素贝叶斯分类（Naive Bayesian，NB）源于贝叶斯理论，其基本思想是：假设样本属性之间相互独立，对于给定的待分类项，求解在此项出现的情况下其他各个类别出现的概率。哪个最大，就认为待分类项属于哪一类别。用概率论公式（图 5-10）来解释就是：

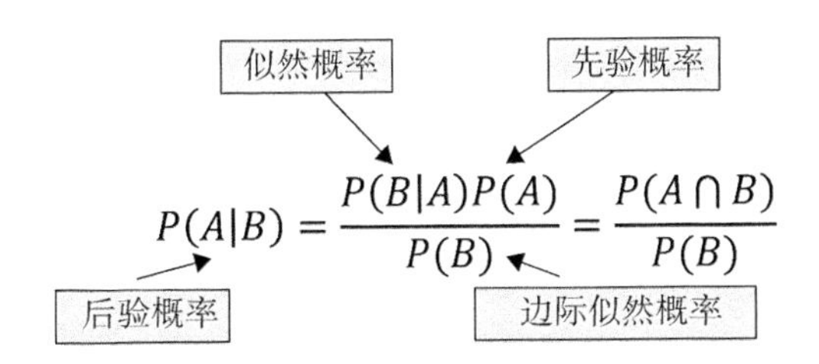

图 5-10　后验概率公式

2. 实现朴素贝叶斯算法分类的3阶段

第一阶段，准备工作。根据具体情况确定特征属性，并对每一特征属性进行划分，然后人工对一些待分类项进行分类，形成训练样本集合。这一阶段的输入是所有待分类数据，输出是特征属性和训练样本。

第二阶段，分类器训练阶段（生成分类器）。计算每个类别在训练样本中出现频率及每个特征属性划分对每个类别的条件概率估计，并将结果记录。其输入是特征属性和训练样本，输出是分类器。

第三阶段，应用阶段。使用分类器对待分类项进行分类，其输入是分类器和待分类项，输出是待分类项与类别的映射关系。

3. 基于朴素贝叶斯算法实现专利价值分类预测

R语言贝叶斯分类函数包有klaR包中的NavieBayes函数，e1071包中的NaiveBayes函数。本部分选择klaR包中的NavieBayes函数来实现专利价值的分类预测。代码如下。

代码5-7　朴素贝叶斯算法代码

```
library(openxlsx)
library(dplyr)
library(tidyr)
library(klaR)
library(pROC)
library(gmodels)
setwd("F:\\R\\朴素贝叶斯算法")
sourcefile<-read.xlsx('.\\建模数据.xlsx',1)
set.seed(1)
mfile<-dplyr::select(sourcefile,"专利度":"同族国家数","等级")
mfile$影响因子<-as.numeric(mfile$影响因子)
trueclass<-factor(mfile$等级,levels=c("高","中","低"))
mdata<-cbind(mfile[,1:16],trueclass)
```

```
index<-sample(1:nrow(mdata),round(0.70 * nrow(mdata)))
train_data<-as.data.frame(mdata[index,])
test_data<-as.data.frame(mdata[-index,])
n<-names(train_data)
f<-as.formula(paste("trueclass ~",paste(n[! n %in% "trueclass"],
collapse=" + ")))

navbye_model<-NaiveBayes(f,data=train_data)
result<-predict(navbye_model,test_data[,1:16])
nav.table<-table(actres=test_data$trueclass,preres=result$class)

nav_ratio<-sum(diag(nav.table))/sum(nav.table)
nav.table
nav_ratio
```

对代码解释如下：

和前面的机器学习算法一样，首先需要导入数据处理包，SVM 算法在 R 语言中的函数包为 e1071。然后，导入整理好的数据集，并将数据集中非数值型变量转化为数值型，设置随机数种子，避免结果的不一致。提取需要参与分类预测的数据变量，并对类别变量进行因子化处理。

接下来，将处理好的数据按 70%：30% 比例划分，70% 用于训练，30% 用于测试。在完成上述数据处理步骤之后，调用 NaiveBayes 函数利用朴素贝叶斯算法进行数据分类，即上述代码段中的核心代码 navbye_model<-NaiveBayes(f,data=train_data)。然后，利用准备好的测试数据集进行模型测试，代码如下：result<-predict(navbye_model,test_data[,1:16])。

最后输出混淆矩阵进行结果分析：nav.table<-table(actres=test_data$trueclass,preres=result$class)。

运行结果如下：

```
nav.table
        preres
actres  高   中   低
高      4    4    21
中      9    10   47
低      16   23   526
> nav_ratio
[1] 0.8181818
```

此外，还可以利用 gmodels 包的 CrossTable 函数生成混淆矩阵来观察朴素贝叶斯算法在各个分类集上的表现，代码为 CrossTable (test _ data $ trueclass , result $ class , prop. c = FALSE , prop. t = FALSE , prop. r = TRUE)。运行结果如下：

```
    Cell Contents
```

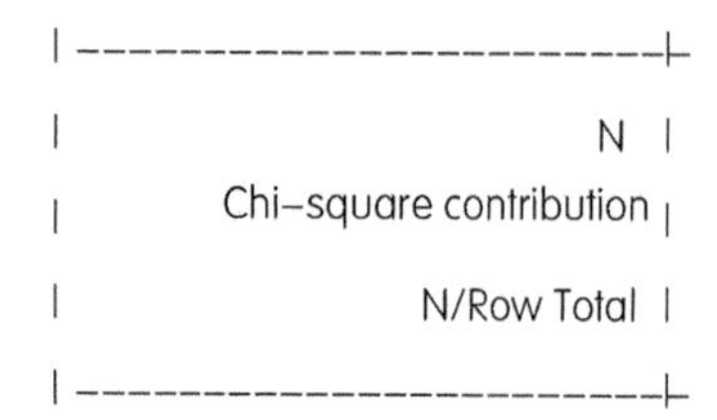

```
|-------------------------|
|                       N |
| Chi-square contribution |
|             N/Row Total |
|-------------------------|

Total Observations in Table:660
```

```
                   | result$class
test_data$trueclass |        高 |        中 |        低 | Row Total |
-------------------|-----------|-----------|-----------|-----------|-
                高 |         4 |         4 |        21 |        29 |
                   |     5.831 |     3.467 |     0.997 |           |
                   |     0.138 |     0.138 |     0.724 |     0.044 |
-------------------|-----------|-----------|-----------|-----------|-
                中 |         9 |        10 |        47 |        66 |
                   |    12.831 |    10.727 |     2.589 |           |
                   |     0.136 |     0.152 |     0.712 |     0.100 |
-------------------|-----------|-----------|-----------|-----------|-
                低 |        16 |        23 |       526 |       565 |
                   |     3.138 |     2.376 |     0.602 |           |
                   |     0.028 |     0.041 |     0.931 |     0.856 |
-------------------|-----------|-----------|-----------|-----------|-
      Column Total |        29 |        37 |       594 |       660 |
-------------------|-----------|-----------|-----------|-----------|-
```

可以看出，朴素贝叶斯算法在对低质量专利的预测准确度可以达到 93%，而对高质量专利的识别准确度只有 14%。

5.6　小结

本章选择 3 种数据挖掘任务在专利分析领域的应用，着重介绍了主成分分析法在专利分析数据降维中的应用。利用主成分分析法，可以将多个分析变量降至若干个变量，从而便于分析人员从众多数据变量中选择最主要的进行分析。而在聚类分析中，主要利用无监督聚类算法进行专利价值分析评估，重点探讨了 K-Means 算法在无监督学习算法中的应用，从而实现自动化的专利价值识别与判断。最后将人工神经网络等有监督的学习算法应用到专利价值分类预测中，通过现有数据的训练，建立预测模型，并将模型部署到新的专利数据中，从而实现对其专利价值的评估预测。从机器学习算法角度来说，有监测的学习在模型预测准确度上高于无监督的学习。因此，本章还给出了支持向量机算法和朴素贝叶斯算法进行分类预测的代码范例，供读者举一反三，研究并改进算法的准确度。

附录A　本书代码索引

附录B 本书用到的扩展包

本书主要利用R语言作为计算机语言，设计了大量专利分析中用到的数据处理、数据可视化、以及数据挖掘的代码，在此将本书用到的所有R语言扩展函数包进行汇总，供读者查阅。

包名称	功能	主要函数
tidyr	数据清洗	gather（）：数据宽转长 spread（）：数据长转宽 separate（）：数据拆分 separate_rows（）：按行拆分
dplyr	数据整理	filter（）：按行筛选 distinct（）：数据去重 select（）：按列选择变量 arrange（）：数据排序 mutate（）：增添列 rename（）：变量重命名 summarize（）：数据汇总 group_by（）：数据分组 bind（）：数据合并 join（）：数据关联
stringr	字符处理	str_split（）：字符拆分 str_replace（）：字符替换 str_extract（）：字符抽取 str_sub（）：字符提取
lubridate	时间处理	year（）：年份提取
openxlsx	EXCEL文件操作	read. xlsx（）：读取文件数据 write. xlsx（）：写数据到文件 openXL（）：打开文件 addWorksheet（）：添加sheet writeData（）：写数据到sheet

续表

包名称	功能	主要函数
splitstackshape	字符处理	cSplit（）：按分隔符拆分字符
ggplot2	可视化图表制作	geom_bar（）：条形图 geom_text（）：增加文本 theme（）：主题设置 facet_grid（）：分面设置 geom_point（）：散点图 geom_path（）：路径图 geom_hline（）：水平线 geom_vline（）：垂直线 geom_polygon（）：地图绘制
grid	画图布置	pushViewport（）：增加视图 print（）：打印图表到位置
plotly	动态交互图	ggplotly（）：图表动态交互
Highcharter	可视化图表制作	highchart（）：绘制 highchart 图 hc_title（）：添加标题 hc_tooltip（）：添加提示框 hc_plotOptions（）：坐标轴设置 hc_add_series（）：添加数据系列 hc_legend（）：图例绘制
treemap	矩形树图制作	treemap（）：矩形树图绘制
dygraphs	交互式时序图	dySeries（）：添加数据系列 dyOptions（）：选项设置 dyRangeSelector（）：范围选择 dyBarSeries（）：条形图系列 dyFilledLine（）：绘制折线
circlelize	绘制弦图	grid_col（）：颜色设置 chordDiagram（）：弦图设置 circos. track（）：弦图轨迹设置
Remap	地图信息可视化	remap（）：绘制迁徙地图 remapB（）：rechars 百度地图 remapH（）：绘制热力图 reamapC（）：绘制填充地图
maptools	地图绘制工具	readShapePoly（）：读取地图数据
maps	地图绘制工具	map_data（）：导入地图数据

续表

包名称	功能	主要函数
scatterpie	气泡饼图绘制	geom_scatterpie（）：气泡饼图绘制
networkD3	网络关系图绘制	simpleNetwork（）：简单力导图 forceNetwork（）：增强力导图 radialNetwork（）：放射状网络图 diagonalNetwork（）：对角线网络图
psych	变量主成分分析	fa. parallel（）：碎石图分析 principal（）：主成分分析
fmsb	雷达图绘制	radarchart（）：绘制雷达图
neuralnet	人工神经网络	neuralnet（）：神经网络算法
e1071	支持向量机算法	svm（）：支持向量机算法
klaR	朴素贝叶斯算法	NaiveBayes（）：朴素贝叶斯算法
gmodels	混淆矩阵检验	CrossTable（）：混淆矩阵检验

附录C　R语言学习资源

在这本书里，介绍了 R 语言在专利分析技术领域的应用，主要内容分为 R 语言开发环境、专利数据处理、专利数据可视化。此外，还结合当前大数据技术以及人工智能算法给出了 R 语言在专利分析领域的高阶应用，即专利数据挖掘与建模。从本书内容我们可以看出，R 语言的强大之处在于其永远有学不完的知识，永远存在很多值得我们去继续探索和创造的领域。

得益于 R 语言的强大开源算法，以及无数乐于奉献的代码开发人员，我们得以在互联网上找到很多有用的学习资源，站在巨人们的肩膀，可以在 R 语言学习道路上走地更好。下面本书给出编者在学习研究 R 语言时收集和整理的 R 语言学习资源站点，以帮助读者更快更好地学习 R 语言。

- https://www.r-project.org/

这是 R 的官方网站，是进入 R 世界的第一站。网站上有着丰富的文档，诸如 An Introduction to R，R Data Import/Export 等。R 的语言环境也是在该网站进行下载安装。

- https://journal.r-project.org/

这是一个免费的 R 语言期刊网站，主要包括 R 项目本身以及各种软件包介绍。

- https://www.statmethods.net/

这是 R 语言权威专家卡巴科夫维护的网站，其包括 80 多篇的关于 R 的教程。

- https://github.com/qinwf/awesome-R

这是 github 上有关 R 学习资源最为权威和全面的代码集合，其中给出了绝大部分 R 扩展包的下载链接和代码范例，是学习 R 扩展包函数，并查阅解决方案的一个重要资源网站。

- https: //ggplot2. tidyverse.org/reference/

这是 R 语言经典制图语言包 ggplot2 的学习资源网站，从中可以查阅 ggplot2 中各个函数的使用方法，以及代码和图表范例，是系统学习 ggplot2 包的重要资源网站。

- https: //jokergoo. github.io/circlize_book/book/

这是弦图包 circlize 包使用方法介绍的最为全面和准确的网站，其中包含弦图的各种变化和参数设置方法，并提供了非常丰富的代码范例，是学习弦图包必不可少的资源网站。

- http: //jkunst.com/highcharter/index.html

这是 Highcharter 包制图方法使用说明最为全面准确的网站，其中含有丰富而全面的 Highcharter 包制图范例和参数设置说明，并具有精美的图表集合以及规范的 R 语言代码范例，是学习 Highcharter 包必不可少的资源网站。

- https: //rstudio. github.io/dygraphs/

这是 dygraphs 包绘制动态可交互图表的资源学习网站，其包含全面的 dygraphs 包制图方法使用说明、典型而全面的 dygraphs 包制图范例和参数设置说明，以及规范的 R 语言代码，是学习 dygraphs 包必不可少的资源网站。

- https: //zhuanlan.zhihu.com/p/28131878

该网站是知乎上收集整理较为全面的 R 语言学习资料合集，涵盖数据处理、数据可视化等方面的优秀知识合集，由 EasyCharts 团队维护。

- https: //zhuanlan.zhihu.com/Ryuyanshequ

R 语言中文社区，国内最大的 R 语言学习平台，由黄小伟、梁勇、杜雨等 5 位作者负责撰写和维护，提供了丰富而全面的 R 语言学习和交流的资料，如数据处理包函数使用距离，数据可视化图表和代码范例，以及人工智能机器学习的相关算法等。

- https: //brucezhaor. github.io/blog/2016/06/13/excel2ggplot/

该网站作为 ggplot2 制图的入门版，可以帮助初学者从 EXCEL 制图向 ggplot2 制图转变，学会尝试将常见的 EXCEL 图表用 ggplot2 制图包进行绘制，从而锻炼扎实的绘图思维和技能。

- http://christophergandrud.github.io/networkD3/

该网站是关于 networkD3 包制图的入门版，其中给出了有关力导图、网络图的制图方法和参数设置说明，并附有制图案例代码。

- https://www.rapidtables.com/web/color/index.html

该网站是有关配色方案的集合网站，其中给出了所有配色方案的 16 进制颜色标记，以及其他个性化的配色方案，是进行 R 语言制图美化工作中必不可少的工具网站。

- https://echarts4r.john-coene.com/index.html

这是 echarts4r 包制图的官方权威学习网站，网站上具有丰富的制图案例资源和具体规范的制图代码和图表实例，是读者学习 echarts4r 包制图的必不可少的资源网站。

- https://www.rstudio.com/resources/cheatsheets/

该网站是 RStudio 官方网站下有关 R 包学习资源的一个整合，从功能应用角度对 R 包进行归纳汇总，并用图文并茂的形式给出了 R 包函数的记忆和使用方法介绍。用户在该资源站点可以下载到 R 包的 cheatsheet 文档，从而便于快速记忆和学习 R 包函数的使用方法。

参考文献

[1] Robert I. Kabacoff. R语言实战［M］. 王小宁，刘撷芯，黄俊文，等，译. 2版. 北京：人民邮电出版社，2016.

[2] 张良均，云伟标，王路，等. R语言数据分析与挖掘实战［M］. 北京：机械工业出版社，2018.

[3] 朱塞佩·查博罗. 神经网络：R语言实战［M］. 李洪成，译. 北京：机械工业出版社，2018.

[4] 哈德利·威克姆. ggplot2：数据分析与图像艺术［M］. 黄俊文，王小宁，于嘉傲，等，译. 西安：西安交通大学出版社，2018.

[5] 国家知识产权局专利局审查业务管理部. 专利分析数据处理实务手册［M］. 北京：知识产权出版社，2018.

[6] 杨铁军. 专利分析可视化［M］. 北京：知识产权出版社，2017.

[7] 马天旗，黄文静，李杰，等. 专利分析：方法、图表解读与情报挖掘［M］. 北京：知识产权出版社，2017.

[8] 陈燕，黄迎燕，方建国. 专利信息采集与分析［M］. 北京：清华大学出版社，2006.

[9] 马天旗，巴特，何丽娜，等. 高价值专利筛选［M］. 北京：知识产权出版社，2018.

[10] 白光清，于立彪，马秋娟. 医药高价值专利培育实务［M］. 北京：知识产权出版社，2017.

[11] 朱仕平. Power Query：用Excel玩转商业智能数据处理［M］. 北京：电子工业出版社，2017.

[12] 李小涛. Power Query：基于Excel和Power BI的M函数详解及应用［M］. 北

京：电子工业出版社，2018.

[13] 王国平. Microsoft Power BI 数据可视化与数据分析 [M]. 北京：电子工业出版社，2018.

[14] 马世权. 从 Excel 到 Power BI 商业智能数据分析 [M]. 北京：电子工业出版社，2018.

[15] 李仁钟，李秋缘. 零基础学 R 语言数据分析：从机器学习、数据挖掘、文本挖掘到大数据分析 [M]. 北京：清华大学出版社，2018.

[16] 汪海波，罗莉汪海玲. R 语言统计分析与应用 [M]. 北京：人民邮电出版社，2018.

[17] Winston Chang. R 数据可视化手册 [M]. 肖楠，邓一硕，魏太云，译. 北京：人民邮电出版社，2014.

[18] 哈德利·威克姆，加勒特·格罗勒芒. R 数据科学 [M]. 陈光欣，译. 北京：人民邮电出版社，2018.

[19] 格罗勒芒德. R 语言入门与实践 [M]. 冯凌秉，译. 北京：人民邮电出版社，2016.

[20] 彼得·布鲁斯，安德鲁·布鲁斯. 面向数据科学家的实用统计学 [M]. 盖磊，译. 北京：人民邮电出版社，2018.

[21] 罗荣锦. R 语言数据分析项目精解：理论、方法、实践 [M]. 北京：电子工业出版社，2017.

[22] Joseph Adler. R 语言核心技术手册 [M]. 刘思喆，李舰，陈钢，等，译. 北京：电子工业出版社，2014.

[23] 任坤. R 语言编程指南 [M]. 王婷，赵梦韬，王泽贤，译. 北京：人民邮电出版社，2017.

[24] Scott V. Burger. 基于 R 语言的机器学习 [M]. 马晶慧，译. 北京：中国电力出版社，2018.

[25] Paul Murrell. R 绘图系统 [M]. 呼思乐，张晔，蔡俊，译. 2 版. 北京：人民邮电出版社，2016.

[26] 杨铁军. 专利分析实务手册 [M]. 北京：知识产权出版社，2012.

[27] 马天旗，赵强，苏丹，等. 专利挖掘 [M]. 北京：知识产权出版社，2016.

[28] 马天旗，李根锁，王华，等. 专利布局 [M]. 北京：知识产权出版社，2016.

[29] 董新蕊，朱振宇，谭凯，等. 专利分析运用实务 [M]. 北京：国防工业出版社，2016.

[30] 杨铁军. 产业专利分析报告（第32册）——新型显示 [M]. 北京：知识产权出版社，2015.

[31] 左良军. 专利分析中样本选取与数据清洗环节的探究 [J]. 中国发明与专利，2016（9）.

[32] 左良军. 基于专利地图理论的专利分析方法与应用研究 [J]. 中国发明与专利，2017（4）.

[33] 左良军. 专利分析中基于0-1交叉矩阵的数据统计方法与应用 [J]. 中国发明与专利，2017（9）.

[34] 左良军. 专利分析中技术主题分解环节的探究 [J]. 中国发明与专利，2017（6）.

[35] 左良军，李立功. 基于大数据技术的专利价值评估与筛选系统 [J]. 中国发明与专利，2018（10）.